「十四五」时期国家重点出版物出版专项规划项目

农业环境

抗生素耐药基因污染与防控

王旭明　郭雅杰

仇天雷　高敏　著

中国农业科学技术出版社

图书在版编目（CIP）数据

农业环境抗生素耐药基因污染与防控 / 王旭明等著.
北京 ： 中国农业科学技术出版社， 2024.10. -- ISBN
978-7-5116-7142-4

Ⅰ．X592

中国国家版本馆 CIP 数据核字第 2024YZ9070 号

责任编辑 张　羽
责任校对 王　彦
责任印制 姜义伟　王思文

出 版 者	中国农业科学技术出版社
	北京市中关村南大街 12 号　　邮编：100081
电　　话	（010）82109705（编辑室）（010）82106624（发行部）
	（010）82109709（读者服务部）
网　　址	https://castp.caas.cn
经 销 者	各地新华书店
印 刷 者	北京建宏印刷有限公司
开　　本	185 mm × 260 mm　1/16
印　　张	13
字　　数	300 千字
版　　次	2024 年 10 月第 1 版　2024 年 10 月第 1 次印刷
定　　价	158.00 元

F 前言
OREWORD

抗生素作为医学史上最重要的发现之一，在治疗人类和动物细菌性疾病方面一直发挥着重要作用。随着抗生素在临床和农业上的大量使用，其耐药性问题日益突出，已成为21世纪人类社会面临的重大健康风险。抗生素耐药基因编码细菌的抗生素抗性表型，被认为是一种新兴环境污染物，可以在人、动植物和环境之间传播扩散。由于养殖业上抗生素的大量使用，使农业环境成为抗生素耐药基因污染的热区。本书是作者多年来在农业环境抗生素抗性方面研究进展的总结，包括已公开发表的论文及部分未发表的研究结果，同时，参考了其他有关单位和专家的相关研究结果，并在参考文献中列出。

全书由5章构成。第1章，绪论，由王旭明撰写；第2章，养殖废弃物无害化处理过程中抗生素耐药基因的迁移，由仇天雷、房俊楠、李莹、薛凯峋、申磊、崔诗琪撰写；第3章，养殖场与堆肥场空气中的抗生素耐药菌与耐药基因，由高敏、陈默、辛会博、魏泽冉、董灿灿撰写；第4章，农田生态系统中的抗生素耐药基因及其富集扩散，由郭雅杰、王旭明、李健撰写；第5章，农业环境中抗生素耐药基因污染的防控，由王旭明、李莹撰写；全书由王旭明和郭雅杰校对和统稿。

由于环境抗生素抗性研究的创新性成果不断涌现，加之作者水平有限，书中难免存在不足，恳请广大读者批评指正。

C 目录
ONTENTS

第1章　绪　论

农业是关系国计民生的基础产业，是安天下、稳民心的战略产业。我国作为具有悠久农耕文明的农业大国，随着农业生产规模的扩大和农业生产方式的转变，农业环境污染问题日益凸显，不但影响了农业本身的可持续健康发展，也给社会经济发展和人们生活带来了诸多不利影响。2010 年公布的《第一次全国污染源普查公报》首次将农业源污染纳入调查范围，引起了社会的高度关注。2020 年，生态环境部、国家统计局和农业农村部联合发布了《第二次全国污染源普查公报》。从两次污染源普查的污染排放总量可以看到，农业生产能力显著增强的同时，10 年间农业源减排效果明显，其中，化学需氧量（COD）、总氮（TN）、总磷（TP）排放量分别下降了 19%、48%、25%。但仍要看到，农业源排放量占总排放量"半壁江山"的格局并未改变。在农业源污染排放中，养殖业略高于种植业，除 TN 以外，其余指标的一半以上都来自畜禽养殖业（胡钰 等，2021）。

随着社会经济高速发展，国民对畜禽产品的需求不断增加，使我国畜禽养殖业发展迅速，并呈现规模化、集约化的发展趋势。抗生素因具有抗菌、防疫和促生长功能被广泛应用于畜禽养殖业。由于抗生素在养殖业上的大量使用甚至滥用，诱导动物肠道微生物产生抗生素耐药性，使畜禽粪便成为抗生素抗性菌（Antibiotic resistant bacteria，ARB）和耐药基因（Antibiotic resistance genes，ARGs）的重要污染源。动物体内摄入的抗生素大约有 30%～90% 以原药和代谢产物的形式通过排泄物进入环境（Sarmah et al.，2006），给环境微生物提供选择压，诱导抗生素耐药基因在环境微生物组中的富集。大量研究表明，农业环境（养殖场空气、农田土壤等）富含高多样性、高丰度的抗生素耐药基因，并可能通过呼吸和食物链进入人体，对人类健康造成重大潜在威胁（McEachran et al.，2015；Gao et al.，2022；Guo et al.，2021）。

抗生素耐药基因已被广泛认为是一种新兴的环境污染物（Pruden et al.，2006）。与传统化学污染物不同，耐药基因属于生物污染，具有可复制、可转移的特征，能够在人类、动物和环境之间广泛传播，一旦失控，将严重威胁公共安全（朱冬 等，2019）。农业环境作为抗生素耐药基因增殖、扩散的热点区域之一，是全球日益严峻的抗生素耐药风险的重要贡献者。因此，总结国内外相关领域的研究进展，定性或定量描述农业源抗生素耐药基因的污染特征、迁移扩散机制、健康风险和防控策略，明确后续的工作重点，对于控制抗生素耐药性的流行、保证人与动物和环境健康，都具有重要的科学意义和实用价值。

1.1 抗生素与抗生素耐药基因

1.1.1 抗生素及其引起的细菌耐药性

1928 年，英国细菌学家弗莱明发现了青霉素，从此结束了传染病几乎无法治疗的历史。1943 年，美国罗格斯大学微生物学家瓦克斯曼发现了链霉素，是继青霉素后第二个生产并用于临床的抗生素。链霉素对结核杆菌有很强的杀灭作用，使当时称为不治之症的肺结核病得到了控制。因为弗莱明和瓦克斯曼在抗生素发现上的杰出贡献，两人分别于 1945 年和 1952 年获得诺贝尔医学或生理学奖。现在发现的抗生素种类已达几千种，在临床上常用的也多达上百种。抗生素的发现及其在临床上的应用不仅是医学史上的一次革命，也对人类历史进程产生了重大影响。

抗生素除了临床使用外，还具有促进动物生长功能。1950 年，美国食品与药品管理局（FDA）批准抗生素可作为饲料添加剂。此后抗生素被全面推广应用于动物养殖业，在预防和治疗动物传染性疾病，促进动物生长及提高饲料转化率等方面发挥了重要作用。

随着抗生素在临床和农业上的大量使用，其耐药性问题日益突出，已成为 21 世纪人类社会面临的重大健康风险。2019 年，全球有 495 万人的死亡与抗生素耐药相关（Murray et al.，2022），如果得不到有效控制，预计到 2050 年这一数字将高达 1 000 万人，并造成 100 万亿美元的经济损失。抗生素耐药在当今这个互联互通的世界已成为隐匿大流行的趋势（Larsson and Flach，2022；Pruden，2022）。为应对抗生素耐药问题，世界卫生组织于 2011 年世界卫生日提出"遏制耐药——今天不采取行动，明天就无药可用"的呼吁。2015 年世界卫生大会审议通过了"控制细菌耐药性全球行动计划"。2016 年举行的 G20 杭州峰会和第 71 届联合国大会，也将细菌耐药性问题列为议题进行讨论，并作出相关决议。我国分别于 2016 年和 2022 年发布了《遏制细菌耐药国家行动计划（2016—2020 年）》《遏制微生物耐药国家行动计划（2022—2025 年）》，旨在积极应对微生物耐药带来的挑战，维护人民群众身体健康。

1.1.2 抗生素耐药基因

抗生素耐药基因是微生物编码抗生素抗性的基因，其表型是使抗生素失效。微生物中所有抗生素耐药基因的集合称为抗生素抗性组（Antibiotic resistome）（Wright，2007）。抗生素耐药是微生物的一种天然属性，是抗生素临床使用之前就广泛存在的一种自然现象。

研究表明，在 3 万年前永久冻土带沉积物中，存在多种 β- 内酰胺类、四环素类、糖肽类抗生素的耐药基因，以及和现代耐药基因结构一致的万古霉素耐药基因（D'Costa et al.，2011）。而人类活动尤其是抗生素的广泛应用是环境抗生素抗性水平不断增加的重要原因。有研究者发现在 1940—2008 年，荷兰农田土壤中的耐药基因丰度逐渐升高，尤其是 1970 年之后，四环素和 β- 内酰胺类抗生素耐药基因丰度显著增加（个别基因增加了 15 倍以上）（Knapp et al.，2010）。

抗生素耐药基因使细菌产生耐药性主要包括以下几种机制：①产生水解酶或钝化酶使抗生素失活；②通过对抗生素靶位的修饰，使抗生素无法与之结合；③通过外排泵将抗生素排出细胞外，降低细胞内抗生素浓度而表现出抗性；④细菌细胞壁的屏障和细胞膜通透性的改变使抗生素无法进入细胞的作用靶点。

抗生素耐药基因一般通过垂直转移和水平转移两种方式在细菌种内或种间进行传播。垂直转移是指由于细菌二分裂的复制，耐药基因从亲本细胞传递给后代；而水平转移是指细菌之间的遗传物质进行交换，使细菌获得外源耐药基因。垂直转移中耐药基因只在亲代和子代细胞间传播，范围较窄；水平转移具有速度快、周期短、范围广的特点。因此，水平转移是抗生素耐药基因传播扩散和在环境中富集的主要途径。

抗生素耐药基因的水平转移主要是由质粒、转座子、整合子、噬菌体和插入序列等可移动遗传元件（Mobile genetic elements，MGEs）介导进行的，转移方式主要包括转化（Transformation）、转导（Transduction）和接合（Conjugation）（图 1-1）。转化是指含有耐药基因的供体菌裂解后，游离的耐药基因被受体菌直接摄取，从而使受体菌获得抗生素抗性。转导是耐药基因通过噬菌体的作用从一个细菌转移到另一个细菌。接合是细菌中普遍存在的质粒介导的基因重组方式，当两种细菌直接接触后，携带耐药基因的质粒从供体菌转移至受体菌，使受体细胞获得抗生素抗性。

抗生素耐药基因可根据其对应的抗生素类型进行分类，如四环素类耐药基因、磺胺类耐药基因、大环内酯类耐药基因等；也可以根据其抗性机制进行分类，如抗生素失活类耐药基因、核糖体保护类耐药基因、外排泵类耐药基因等。某一类耐药基因还包括不同的亚型，如四环素耐药基因包括 *tetA*、*tetB*、*tetC* 等几十种亚型，各个亚型的抗性机制有可能不同，但都编码四环素抗性。

抗生素耐药基因可以从多个途径在人、动植物和环境之间传播扩散（图 1-2）。无论是动物源的还是来自人类的抗生素耐药基因都会通过施肥或再生水灌溉污染农田土壤，并迁移至植物微生物组中，最终通过食物链进入人和动物体。此外，畜禽养殖废弃物中的抗生素耐药基因可以逸散到空气中，形成负载耐药基因的生物气溶胶在空气中长期停留并远距离传播（Gao et al.，2022）。因此，农业环境（养殖场、农田系统等）不但是抗生素耐药基因的暴露源，也是其向人传播的重要媒介。

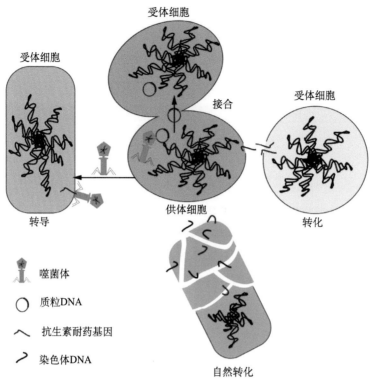

受体细胞

受体细胞

接合

受体细胞

转导

供体细胞

转化

噬菌体

质粒DNA

抗生素耐药基因

染色体DNA

自然转化

图 1-1　抗生素耐药基因水平转移机制

（资料来源：Jian et al.，2021）

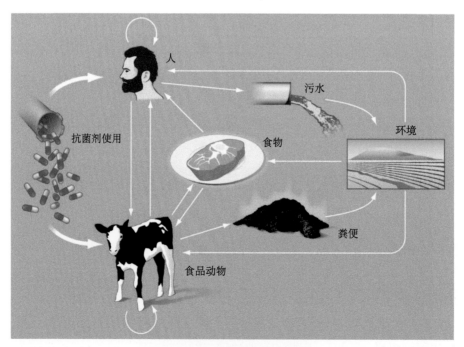

人

污水

抗菌剂使用

食物

环境

粪便

食品动物

图 1-2　抗生素耐药基因的传播扩散

（资料来源：Woolhouse and Ward，2013）

1.2 农业环境的抗生素耐药基因污染研究综述

1.2.1 抗生素耐药基因的检测方法

检测方法对于研究耐药基因的环境行为、迁移机制和风险评估都具有重要意义。但目前相关的采样、检测分析方法尚未标准化，不同实验室采用的研究方法也不尽相同。总体来看，抗生素抗性菌和耐药基因的研究方法可分为传统微生物培养法和分子生物学方法。传统的微生物培养法主要用于可培养抗性细菌的分离、耐药表型的研究。近年来发展迅速的分子生物学技术因其快速灵敏、高通量和特异性强等特点，已经成为检测环境样品中耐药基因的主流方法。由于该技术不依赖于微生物的培养过程，可直接对环境样品中所有微生物包括不可培养微生物及病毒携带的耐药基因进行检测，得到的结果更为全面可信。本节对耐药基因研究中的主流分子生物学技术进行综述。

（1）样品采集与处理

样品采集前需对采样工具和样品储存装置进行灭菌处理，以避免外源微生物的污染。为保持样品新鲜，减少 DNA 降解，运输过程中要保持低温并尽快运到实验室。样品要立即进行处理或 −80℃冷冻保藏。水样需要经 0.45 μm 滤膜过滤收集微生物，再使用商品试剂盒提取 DNA 用于后续研究；固体样品可冷冻干燥后提取 DNA 或用新鲜样品直接提取 DNA；空气样品可利用撞击式采样器来采集微生物。

（2）普通 PCR

先根据待测基因的同源性设计引物或通过文献检索确定引物序列，然后进行 PCR 扩增反应，最后通过凝胶电泳验证扩增产物。普通 PCR 简单易行，但仅可以用于耐药基因的定性分析。

（3）实时荧光定量 PCR（qPCR）

在 PCR 反应体系中加入荧光基团，利用荧光信号积累实时监测整个 PCR 进程，最后通过标准曲线对未知模板进行定量分析的方法。该方法可实现耐药基因的高灵敏度定量分析，但通量低。

（4）高通量定量 PCR（HT-qPCR）

该方法可同时对多达上百种耐药基因或多个样品进行定量分析，相比传统的 qPCR 方法效率大大提高。

（5）微滴式数字 PCR（ddPCR）

qPCR 依赖标准曲线，易受复杂环境样品中干扰物质的影响。ddPCR 技术是传统 qPCR 技术的升级，被称为第三代 PCR 技术。该技术采用绝对定量的方式，不再依赖 Cq 值或内参基因，即可确定低至单拷贝待检基因的绝对数目。由于这种检测方式具有比传统 qPCR 更加出色的灵敏度、特异性和精确性，非常适用于低浓度耐药基因的绝对定量。

（6）宏基因组学方法

基于测序的宏基因组学方法直接提取环境样品中的微生物总 DNA 并测序，测序数据经过处理后跟数据库（如 CARD）比对获得耐药基因信息。该方法克服了分离培养和 PCR 两种方法的局限性，可同时揭示样品中耐药基因与物种组成的相对丰度，解析耐药基因的宿主微生物。随着测序技术和生物信息学方法的不断进步以及耐药基因数据库的不断完善，基于测序的宏基因组学方法在环境样品的耐药基因检测方面得到了广泛应用。该方法的局限在于只能获得数据库中已有的耐药基因序列，而且只能进行耐药基因的相对定量。功能宏基因组方法将得到的微生物宏基因组 DNA 克隆到合适的载体中，然后转化进入敏感型宿主细菌中形成宏基因组文库，最后在特定抗生素浓度下进行筛选，对存活下来的转化株中的 DNA 进行扩增测序来鉴定得到耐药基因。功能宏基因组方法操作复杂，主要用于探索自然环境中耐药基因的真正多样性，发现新的耐药基因和耐药机制并揭示其生态作用。

耐药基因的定量结果通常以绝对丰度和相对丰度表示。绝对丰度指单位体积或重量的环境样品中所含耐药基因的拷贝数（copies/g 或 copies/mL）；相对丰度通常用样本中耐药基因的拷贝数与内参基因 16S rRNA 基因拷贝数的比值（copies/16S rRNA copies）或者每个细胞含有的耐药基因拷贝数（copies/cell）来表示。相对丰度为不同采样点中耐药基因的比较提供了方便，减少样品微生物数量不同所带来的偏差。

1.2.2　畜禽粪便中的抗生素耐药基因

我国畜禽养殖每年消耗大约 16.2 万 t 抗生素，占抗生素总使用量的 52% 以上（Zhang et al.，2015）。大量研究表明，抗生素的使用是动物肠道和粪便中耐药基因不断进化和富集的直接原因（Looft et al.，2012；Zhu et al.，2013；Holman et al.，2019）。中国是全球最大的家禽和生猪生产国，年产畜禽粪便约 38 亿 t，是耐药基因向其他环境释放的主要污染源。Xie 等（2016）的研究结果表明，我国华东地区用于堆肥原料的畜禽粪便中耐药基因绝对丰度为 $10^9 \sim 10^{10}$ copies/g，相对丰度为 1.9～5.5 copies/ 细菌。最近的研究发现，我国京津冀地区规模化肉鸡、蛋鸡、生猪、奶牛、肉牛养殖场粪污中存在 20 种耐药基因的 626 个亚型，其中，有 201 个耐药基因亚型在不同的动物粪便中共有，主要包括多耐药类、大环内酯类、四环素类、β- 内酰胺类和氨基糖苷类耐药基因（Qiu et al.，2022）。总体来看，猪场和鸡场粪污中耐药基因的多样性和丰度都显著高于牛场（Qian et al.，2018；Wang et al.，2019）。影响畜禽粪便中抗生素耐药基因多样性和丰度的因素十分复杂，可能是多种因素的共同作用，包括动物种类、抗生素使用量、微生物群落结构、重金属含量以及其他的环境因素（李纤慧 等，2022）。

目前，好氧发酵生产有机肥和厌氧消化制取沼气是畜禽粪便常用的两种处理方式。畜禽粪便中的抗生素耐药基因在好氧发酵和厌氧消化过程中的赋存特征和归趋得到了广泛研究。总体来看，好氧发酵和厌氧消化都可以降低畜禽粪便中耐药基因的多样性和丰度，尤其是好氧发酵对耐药基因的削减作用更明显。但是，不同的耐药基因在处理过程中的变化趋势不完全一致，有些耐药基因甚至会出现丰度增加的现象。例如，畜禽粪便等多种原料好氧发酵中，经常会发现磺胺类耐药基因的丰度保持不变或增加（Liao et al.，2019；Cao et al.，2020；Qiu et al.，2022）。Tien 等（2017）发现，牛粪中的部分耐药基因如 $sul1$、$ermF$、$ermB$ 等在厌氧消化后呈现丰度升高趋势。畜禽粪便中耐药基因的命运与处理过程中的环境因素和生物因素密切相关，是各种非生物因子包括温度、pH 值、重金属、有机质等和生物因子如微生物群落结构、可移动遗传元件等共同作用的结果，因此，其变化趋势非常复杂。通常情况下，高温或延长处理工艺的高温期有利于耐药基因的削减（Liao et al.，2018；Shen et al.，2022）。具有多样化的宿主菌群范围和与质粒等可移动元件相连的耐药基因更难以去除（Qiu et al.，2022）。

水解、超声等预处理措施以及添加生物炭、黏土等添加剂，能提高畜禽粪便好氧发酵或厌氧消化工艺中耐药基因的去除（Lizama et al.，2017；Awasthi et al.，2019；李纤慧 等，2022）。但是，目前还没有开发出一种有效的工程手段能高效去除畜禽粪便中的抗生素耐药基因，畜禽有机肥产品应用中抗生素抗性扩散的风险依然存在。

1.2.3 空气中的抗生素耐药基因

各种固体和液体环境介质中的抗生素耐药基因会向空气环境逸散，形成含有耐药基因的生物气溶胶。越来越多的证据表明，空气是抗生素耐药性传播的重要途径（Gao et al.，2022；Xin et al.，2022）。Li 等（2018）对全球 19 个城市空气中的 39 种目标耐药基因亚型进行了检测，共有 30 种耐药基因亚型被检出，其中大环内酯类耐药基因 $blaTEM$ 丰度最高，其次为喹诺酮类耐药基因 $qepA$。与耐药基因其他的传输途径相比，通过空气的扩散和传播距离更远，而且通过空气摄入耐药基因的方式更加直接，对人类健康造成的威胁也更大。

畜禽养殖场是空气污染物包括抗生素耐药菌和耐药基因的集中排放源。大型猪场周边 1 英里（约 1.61 km）左右居民携带的耐甲氧西林金黄色葡萄球菌，是其他地区的 3 倍（Carrel et al.，2014）。牛场空气颗粒物中四环素耐药基因相对丰度较湖水和地表水高几个数量级（Sanchez et al.，2016）。猪场和牛场空气中四环素耐药基因 *tetX* 和 *tetW* 的丰度比人居环境高 10～100 倍（Ling et al.，2013）。Song 等（2021）在猪场和鸡场空气中均检出高浓度的喹诺酮类（*qnrS*、*qnrA*）、红霉素类（*ermA*、*ermB*、*ermC*）、磺胺类（*sul1*、*sul2*）和四环素类（*tetM*、*tetG*、*tetC*、*tetO*）耐药基因，以及导致发生基因水平转移的可移动遗传元件（*intl1*、*IS613*、*Tp614*）。利用宏基因组测序技术，研究人员在一家养鸡场和一家养猪场空气中分别检测到 255 个和 230 个耐药基因亚型，其中氨基糖苷类和四环素类耐药基因为优势基因（Yang et al.，2018）。空气中的耐药基因会通过呼吸进入人体，动力学粒径决定其在呼吸道的沉降位置。Gao 等（2017）的研究结果表明，鸡场空气中两种四环素耐药基因 *tetW* 和 *tetL* 大多分布于大粒径范围，平均动力学粒径为 4.3～6.4 μm，主要沉降在咽喉部和气管。

从养殖场空气中可以分离到与粪便中相同的菌株，并携带相同类型的耐药基因（Liu et al.，2012）。Karkman 等（2019）的研究也证实了养殖场空气中耐药基因的存在很大程度上是由于粪便污染导致。Luiken 等（2020）对欧洲 9 个国家的养殖场粪便和灰尘样本进行了宏基因组测序，发现动物粪便和灰尘样本中的抗生素抗性组具有高度相似性。Yang 等（2018）的研究也发现养殖场空气中的耐药基因种类与动物粪便中的基本一致。以上研究结果表明，动物粪便可能是养殖场空气中耐药基因的主要来源。畜禽粪便在好氧堆肥过程中特别是在通风和搅拌期间，会促进堆体中的耐药基因释放至空气中（Liu et al.，2023）。Gao 等（2018）分析了畜禽粪便堆肥场不同区域空气中 22 种耐药基因亚型、2 个条件致病菌和 I 类整合子（*intl1*）的浓度，结果显示，以上目标基因都在堆肥场的生产区和包装区检出，最高浓度达到 10^4 copies/m^3，而且包装区空气中的耐药基因浓度高于其他区域。因此，优化动物粪便的管理和处置方式以减少抗生素耐药菌和耐药基因在空气环境中的传播是十分必要的。

尽管空气是抗生素耐药基因进行远距离传输的媒介（Zhu et al.，2020；Gao et al.，2022），但其大气传输动力学、逸散与沉降规律、风险评估以及控制措施等都还缺少系统研究。

1.2.4　农田生态系统中的抗生素耐药基因

畜禽粪便等有机肥施用、再生水灌溉及大气沉降等都会向土壤引入外源的抗生素耐药基因，加之土壤本身就是各种微生物及其基因的天然生境，使农田土壤成为耐药基因在环境中的重要"源"与"汇"。朱永官院士团队（2013）分析了国内北京、浙江和福建 3 个大型商业养猪场附近土壤的耐药基因，发现中有 63 种耐药基因的丰度显著高于对照土壤，最高达 21 600 倍。Sun 等（2019）的研究结果表明，无机肥与有机肥施用均可提高土壤耐药基因的多样性与相对丰度，而有机肥施用土壤耐药基因的数量和相对丰度显著高于无机肥施用土壤；而且施用有机肥土壤中增加的耐药基因亚型均能在有机肥中检出。土壤中耐药基因分布特征与微生物群落结构、土壤理化性质、抗生素和重金属等污染物浓度、植被类型等因素密切相关。例如，Sun 等（2021）的研究结果表明，土壤中的抗生素类型和栽培的蔬菜品种共同驱动抗生素耐药基因的丰度变化；长期的重金属镍污染会增加土壤耐药基因的多样性、丰度和水平转移潜力（Hu et al.，2017）。

植物表面和组织内部生长着各种微生物，统称为植物微生物组（叶际、根际、内生），它们在植物生长和抗病、抗逆中发挥重要作用，被称为植物的第二基因组。土壤中的耐药基因也可以通过"土壤—植物"系统进入到植物的内生微生物组和叶际微生物组，从而进入食物链，最终对人类健康构成潜在威胁。墨尔本大学的 Zhang 等（2015）通过高通量荧光定量 PCR 在盆栽生菜的叶际微生物组中检测到 60～61 个耐药基因，低于根际土壤，但显著高于根内生和叶内生微生物组中的耐药基因数量。另一项研究也得到相似的结论，即"叶际耐药基因检出率＞根内生的耐药基因检出率 ＞ 叶内生的耐药基因检出率"（Wang et al.，2015）。以上研究结果表明，叶际是除了土壤之外农田系统中耐药基因污染的另一个热区。有机肥的施用通常能增加植物叶际微生物组中耐药基因的多样性和丰度（Chen et al.，2017）。有研究发现，有机蔬菜叶际耐药基因的检出率和丰度显著高于常规种植的蔬菜，但内生微生物组中的耐药基因无显著差异（Zhu et al.，2017）。植物种类会影响其微生物组中耐药基因的多样性和丰度。Guo 等（2021）研究表明，生菜、苦菊、小白菜、香菜的根际土壤、根内生和叶内生的耐药基因具有显著差异，细菌群落是影响耐药基因差异的最重要因素，可以解释 58% 的耐药基因变化。

尽管已发现不同植物的内生微生物组中存在多种抗生素耐药基因，农业措施如粪肥施用和再生水灌溉能增加农田生态系统的耐药基因多样性和丰度（Cerqueira et al.，2019），但是耐药基因在农田系统的迁移扩散机制仍需进一步探明，以便制定合理的控制措施。

1.3　研究展望

进入 21 世纪，随着全球一体化进程的提速，一些包括突发传染病等在内的公共卫生事件频繁发生。为了应对日益复杂化的健康问题，寻找这些问题的解决方案，"One Health"（同一健康）理念应运而生，并得到世界卫生组织、联合国粮食及农业组织等国际组织和各个国家的高度关注和支持。"One Health"强调从"人类—动物—环境"健康的整体视角解决复杂的健康问题。抗生素耐药性能够在人类，动物和环境之间广泛传播，特别是在新冠病毒疫情的叠加影响下，抗生素耐药致病菌的扩散传播更加迅速，加剧了全球"One Health"的负担。农业上抗生素的大量使用，使抗生素耐药基因在农业环境中不断富集进化，进而向其他环境和人类传播扩散。近年来，农业环境中抗生素耐药基因的赋存特征、影响因素和控制策略得到了国内外学者的广泛研究，但是目前的研究还比较分散，且多集中于调查类研究，存在基础理论研究薄弱、控制技术和相关标准缺失等问题。未来的研究工作需要在以下几个方面进行重点突破，为控制农业源抗生素抗性的传播提供理论基础和技术指导。

（1）抗生素耐药基因研究方法的创新

目前分子生物学技术已成为耐药基因多样性和丰度研究的主流方法，但得到的基因信息只反映了耐药潜力而非耐药表型，造成大多数研究结果仅有耐药基因信息而无耐药表型信息，无法真正揭示环境抗生素抗性的风险。因此，需开发新的技术建立耐药基因型与耐药表型之间的精确关联，以深入揭示活性抗性组及其进化机制。此外，不同的耐药基因检测方法得到的结果会有所差异，还需探索公认的标准检测方法。

（2）高风险抗生素耐药基因的赋存特征与扩散机制

耐药基因种类众多，其健康风险不尽相同。通常认为由致病菌携带并可移动的耐药基因具有高风险，而目前大多数研究都是将某一环境样品中所有的耐药基因作为一个整体，可能会掩盖高风险耐药基因的特征。抗生素抗性的研究到现阶段，已基本明确大多数环境介质中耐药基因整体上的种类和丰度，但对可移动的耐药基因（可移动抗性组）的认知还很有限，因此，很难对耐药基因的风险进行合理评估。下一步应着重开展由质粒、噬菌体等介导的耐药基因向致病菌水平转移的机制研究。

（3）生物气溶胶中抗生素耐药基因的传输机制

相比土壤、畜禽粪便、污水等固体和液体环境介质，空气中耐药基因的研究相对匮乏。不同污染源逸散的气载耐药基因的差异还没有系统研究。由于耐药基因具有生物属性，常规的大气颗粒物传输模型可能不适用于耐药基因。未来的研究需要针对耐药基因的生物属性，建立其在大气中传输、沉降和扩散的数学模型，以模拟耐药基因通过空气途径的传播规律。此外，还要探索耐药基因通过"固—气"和"液—气"界面的逸散机制，掌握哪些耐药基因或耐药菌易通过空气途径传播。

（4）土壤—植物系统中抗生素耐药基因的迁移

植物微生物组中存在耐药基因已被证实，但是不同土壤—植物系统中耐药基因的迁移机制、高频转移的耐药基因类型都还不清楚。未来重点还要关注那些更容易直接向人类传播的耐药基因，如生食蔬菜微生物组中耐药基因及其宿主菌的迁移。

（5）抗生素耐药基因的风险评估

尽管有部分研究探究了耐药基因通过呼吸、饮水和食用蔬菜等途径的暴露量，但如何客观评价其健康风险并制定相应标准是面临的一个挑战。

（6）抗生素耐药基因的控制技术

农业源耐药基因的削减技术已进行了相当多的探索，如畜禽粪便的好氧发酵、废水的高级氧化、空气的微波辐射、土壤的生物炭修复等，但仍存在靶向性低、周期长、成本较高、效果不稳定等共性问题。耐药基因研究的最终目标是控制其风险，而建立高效的污染阻控技术是实现这一目标的"最后一公里"。

参考文献

胡钰，林煜，金书秦，2021. 农业面源污染形势和"十四五"政策取向——基于两次全国污染源普查公报的比较分析 [J]. 环境保护，49（1）：31-36.

李纤慧，李建政，张成成，等，2022. 畜禽粪便中抗生素耐药基因的分布特征及消减技术研究进展 [J]. 微生物学报，62（12）：4740-4755.

朱冬，陈青林，丁晶，等，2019. 土壤生态系统中抗生素耐药基因与星球健康：进展与展望 [J]. 中国科学：生命科学，49：1652-1663.

Awasthi M K, Chen H, Awasthi S K, et al., 2019. Application of metagenomic analysis for detection of the reduction in the antibiotic resistance genes (ARGs) by the addition of clay during poultry manure composting[J]. Chemosphere, 220: 137-145.

Cao R K, Wang J, Ben W W, et al., 2020. The profile of antibiotic resistance genes in pig manure composting shaped by composting stage: mesophilic-thermophilic and cooling-maturation stages[J]. Chemosphere, 250: 126181.

Carrel M, Schweizer M L, Sarrazin M V, et al., 2014. Residential proximity to large numbers of swine in feeding operations is associated with increased risk of methicillin-resistant Staphylococcus aureus colonization at time of hospital admission in rural Iowa veterans[J]. Infection Control and Hospital Epidemiology, 35: 190-192.

Cerqueira F, Matamoros V, Bayona J, et al., 2019. Distribution of antibiotic resistance genes in soils and crops. A field study in legume plants (Vicia faba L.) grown under different watering regimes[J]. Environmental Research, 170: 16-25.

Chen Q L, An X L, Zhu Y G, et al., 2017. Application of struvite alters the antibiotic resistome in soil, rhizosphere, and phyllosphere[J]. Environmental Science & Technology, 51: 8149-8157.

D'Costa V M, King C E, Kalan L, et al., 2011. Antibiotic resistance is ancient[J]. Nature, 477 (7365) : 457-461.

Gao M, Jia R, Qiu T, et al., 2017. Size-related bacterial diversity and tetracycline resistance gene abundance in the air of concentrated poultry feeding operations[J]. Environmental Pollution, 220: 1342-1348.

Gao M, Qiu T L, Sun Y M, et al., 2018. The abundance and diversity of antibiotic resistance genes in the atmospheric environment of composting plants[J]. Environment International, 116: 229-238.

Gao M, Zhang X L, Yue Y, et al., 2022. Air path of antimicrobial resistance related genes from layer farms: emission inventory, atmospheric transport, and human exposure[J]. Journal Hazardous Materials, 430: 128417.

Guo Y, Qiu T, Gao M, et al., 2021. Diversity and abundance of antibiotic resistance genes in rhizosphere soil and endophytes of leafy vegetables: Focusing on the effect of the vegetable species[J]. Journal of Hazardous Materials, 415: 125595.

Holman D B, Yang W, Alexander T W, 2019. Antibiotic treatment in feedlot cattle: a longitudinal study of the effect of oxytetracycline and tulathromycin on the fecal and nasopharyngeal microbiota[J]. Microbiome, 7: 86.

Hu H W, Wang J T, Li J, et al., 2017. Long-term nickel contamination increases the occurrence of antibiotic resistance genes in agricultural soils[J]. Environmental Science & Technology, 51: 790-800.

Jian Z, Zeng L, Xu T, et al., 2021. Antibiotic resistance genes in bacteria: Occurrence, spread, and control[J]. Journal of Basic Microbiology, 61 (12): 1049-1070.

Karkman A, Pärnänen K, Larsson D G J, 2019. Fecal pollution can explain antibiotic resistance gene abundances in anthropogenically impacted environments[J]. Nature Communications, 10 (1): 80.

Knapp C W, Dolfing J, Ehlert P A I, et al., 2010. Evidence of increasing antibiotic resistance gene abundances in archived soils since 1940[J]. Environmental Science & Technology, 44 (2): 580-587.

Larsson D G J, Flach C F, 2022. Antibiotic resistance in the environment[J]. Nature Reviews Microbiology, 20: 257-269.

Li J, Cao J, Zhu Y G, et al., 2018. Global survey of antibiotic resistance genes in air[J]. Environmental Science & Technology, 52: 10975-10984.

Liao H P, Lu X M, Rensing C, et al., 2018. Hyperthermophilic composting accelerates the removal of antibiotic resistance genes and mobile genetic elements in sewage sludge[J]. Environmental Science & Technology, 52: 266-276.

Liao H, Friman V P, Geisen S, et al., 2019. Horizontal gene transfer and shifts in linked bacterial community composition are associated with maintenance of antibiotic resistance genes during food waste composting[J]. Science of the total Environment, 660: 841-850.

Ling A L, Pace N R, Hernandez M T, et al., 2013. Tetracycline resistance and class 1 integron genes associated with indoor and outdoor aerosols[J]. Environmental Science & Technology, 47: 4046-4052.

Liu D, Chai T, Xia X, et al., 2012. Formation and transmission of Staphylococcus aureus (including MRSA) aerosols carrying antibiotic-resistant genes in a poultry farming environment[J]. Science of the total Environment, 426: 139-145.

Liu J, Ai X, Lu C, et al., 2023. Comparison of bioaerosol release characteristics between windrow and trough sludge composting plants: Concentration distribution, community evolution, bioaerosolization behaviour, and exposure risk[J]. Science of the total Environment, 897: 164925.

Lizama A, Figueiras C, Herrera R, et al., 2017. Effects of ultrasonic pretreatment on the solubilization and kinetic study of biogas production from anaerobic digestion of waste activated sludge[J]. International Biodeterioration

& Biodegradation, 123 (9): 1-9.

Looft T, Johnson T A, Allen H K, et al., 2012. In-feed antibiotic effects on the swine intestinal microbiome[J]. Proceedings of the National Academy of Sciences of the United States of America, 109: 1691-1696.

Luiken R E C, Van Gompel L, Bossers A, et al., 2020. Farm dust resistomes and bacterial microbiomes in European poultry and pig farms[J]. Environment International, 143:105971.

McEachran A D, Blackwell B R, Hanson J D, et al., 2015. Antibiotics, bacteria, and antibiotic resistance genes: Aerial transport from cattle feed yards via particulate matter[J]. Environmental Health Perspectives, 123: 337-343.

Murray C J L, Ikuta K S, Sharara F, et al, 2022. Global burden of bacterial antimicrobial resistance in 2019: a systematic analysis[J]. The Lancet, 399 (10325): 629-655.

Pruden A, 2022. Antimicrobial resistance in the environment: Informing policy and practice to prevent the spread[J]. Environmental Science & Technology, 56: 14869-14870.

Pruden A, Pei R, Storteboom H, et al., 2006. Antibiotic resistance genes as emerging contaminants: Studies in northern Colorado[J]. Environmental Science & Technology, 40: 7445-7450.

Qian X, Gu J, Sun W, et al., 2018. Diversity, abundance, and persistence of antibiotic resistance genes in various types of animal manure following industrial composting[J]. Journal Hazardous Materials, 344: 716-722.

Qiu T, Huo L, Guo Y, et al., 2022. Metagenomic assembly reveals hosts and mobility of common antibiotic resistome in animal manure and commercial compost[J]. Environmental Microbiome, 17: 42.

Sanchez H M, Echeverria C, Thulsiraj V, et al., 2016. Erratum to: Antibiotic resistance in airborne bacteria near conventional and organic beef cattle farms in California, USA[J]. Water, Air & Soil Pollution, 227 (10): 280.

Sarmah A K, Meyer M T, Boxall A B A, 2006. A global perspective on the use, sales, exposure pathways, occurrence, fate and effects of veterinary antibiotics (VAs) in the environment[J]. Chemosphere, 65:725-759.

Shen L, Qiu T, Guo Y, et al., 2022. Enhancing control of multidrug-resistant plasmid and its host community with a prolonged thermophilic phase during composting[J]. Frontiers in Microbiology, 13: 989085.

Song L, Wang C, Jiang G, et al., 2021. Bioaerosol is an important transmission route of antibiotic resistance genes in pig farms[J]. Environment International, 2021, 154 (1): 106559.

Sun Y, Guo Y, Shi M, et al., 2021. Effect of antibiotic type and vegetable species on antibiotic accumulation in soil-vegetable system, soil microbiota, and resistance genes[J]. Chemosphere, 263: 128099.

Sun Y, Qiu T, Gao M, et al., 2019. Inorganic and organic fertilizers application enhanced antibiotic resistome in greenhouse soils growing vegetables[J]. Ecotoxicology and Environmental Safety, 179: 24-30.

Tien Y C, Li B, Zhang T, et al., 2017. Impact of dairy manure pre-application treatment on manure composition, soil dynamics of antibiotic resistance genes, and abundance of antibiotic-resistance genes on vegetables at harvest[J]. Science of the total Environment, 581/582: 32-39.

Wang F-H, Qiao M, Chen Z, et al., 2015. Antibiotic resistance genes in manure-amended soil and vegetables at harvest[J]. Journal of Hazardous Materials, 299: 215-221.

Wang L, Wang J, Wang J, et al., 2019. Distribution characteristics of antibiotic resistant bacteria and genes in fresh and composted manures of livestock farms[J]. Science of the total Environment, 695: 133781.

Woolhouse M E J, Ward M J, 2013. Sources of antimicrobial resistance[J]. Science, 341 (6153): 1460-1461.

Wright G D, 2007. The antibiotic resistome: the nexus of chemical and genetic diversity[J]. Nature Reviews Microbiology, 5: 175-186.

Xie W Y, Yang X P, Li Q, et al., 2016. Changes in antibiotic concentrations and antibiotic resistome during commercial composting of animal manures[J]. Environmental Pollution, 219: 182-190.

Xin H, Gao M, Wang X, et al., 2022. Animal farms are hot spots for airborne antimicrobial resistance[J]. Science of the total Environment, 851: 158050.

Xin H, Qiu T, Guo Y, et al., 2023. Aerosolization behavior of antimicrobial resistance in animal farms: a field study from feces to fine particulate matter[J]. Frontiers in Microbiology, 14: 1175265.

Yang Y, Zhou R, Chen B, et al., 2018. Characterization of airborne antibiotic resistance genes from typical bioaerosol emission sources in the urban environment using metagenomic approach[J]. Chemosphere, 213: 463-471.

Zhang Q Q, Ying G G, Pan, C G, et al., 2015. Comprehensive evaluation of antibiotics emission and fate in the river basins of china: source analysis, multimedia modeling, and linkage to bacterial resistance[J]. Environmental Science & Technology, 49 (11): 6772-6782.

Zhu B, Chen Q, Chen S, et al., 2017. Does organically produced lettuce harbor higher abundance of antibiotic resistance genes than conventionally produced?[J] Environment International, 98: 152-159.

Zhu G B, Wang X M, Yang T, et al., 2020. Air pollution could drive global dissemination of antibiotic resistance genes[J]. The ISME Journal, 15: 270-281.

Zhu Y, Johnson T, Su J, et al., 2013. Diverse and abundant antibiotic resistance genes in Chinese swine farms[J]. Proceedings of the National Academy of Sciences of the United States of America, 110 (9): 3435-3440.

第 2 章　养殖废弃物无害化处理过程中抗生素耐药基因的迁移

2.1　养殖场粪污中的抗生素与耐药基因污染特征

2.1.1　抗生素污染

抗生素在现代医学中扮演着关键的角色，通过治疗细菌感染挽救了数百万人的生命。然而，抗生素的滥用或不当使用导致了一个重要的环境问题——抗生素污染。抗生素污染产生在抗生素通过各种途径进入环境时，例如制药生产、农业径流和未经妥善处理的废弃药物。当抗生素污染水体时，它们可能破坏微生物群落的平衡，导致耐药细菌的产生。这些耐药细菌随后可能传播给人类、动物和植物，破坏抗生素治疗的有效性，构成公共卫生风险。此外，抗生素污染还可能影响非目标生物，如水生生物和土壤微生物，破坏生态过程和生物多样性。

畜禽养殖是导致抗生素污染的重要原因之一。在畜禽养殖中，会使用多种抗生素预防疾病。这些抗生素在动物体内被代谢后，部分会以未被吸收的形式排泄到粪便中，然后通过粪肥施用的方式进入土壤中。由于抗生素在土壤中的降解速度较慢，长期大量施用粪肥可能导致土壤中抗生素残留量逐渐累积，从而引起土壤和水体的抗生素污染。2018—2019年，研究人员对黄淮海地区畜禽养殖场开展了采样和调研，并检测了粪便样品中抗生素的残留情况。结果表明，在检出率方面，四环素类抗生素在养殖动物粪污中检出率均显著高于其他抗生素（图 2-1）；在残留量方面，生猪、肉鸡、蛋鸡粪便中各类抗生素残留量明显高于奶牛（图 2-2）。这可能是与不同动物的养殖和用药习惯有关。据报道，在生猪养殖过程中，四环素无论在检出频率还是在饲料和粪便中检出浓度上均明显高于其他抗生素，这是由于在生猪养殖过程常添加高浓度的四环素，以促进猪的生长和增强疾病抵抗能力（Xu et al.，2020）。对家禽养殖抗生素污染调查分析，发现无论蛋鸡还是肉鸡饲喂过程中，土霉素（OTC）、金霉素（CTC）、强力霉素（DOX）3 种抗生素均使用较多，粪便中残留情况检测表明，四环素类抗生素在家禽养殖场中使用广泛。奶牛养殖废水中抗生素污染类型同样主要以四环素类为主，但相对于其他养殖废水的排放，抗生素污染水平较低。这一结果表明，目前畜禽养殖过程中抗生素残留问题不容忽视，尤其是四环素的使用亟需规范。

作者团队进一步调查了京津冀地区 27 个以畜禽粪便为主要原料的有机肥厂及产品，并检测 24 种抗生素残留。结果表明，成品有机肥中主要有四环素类和喹诺酮两类抗生素残留（图 2-3），在四环素类抗生素中：土霉素残留平均浓度较高（2 855 μg/kg），但检出率较低（40.7%）；金霉素（85.2%）和强力霉素（77.8%）检出率较高，但平均残留浓度较低。喹诺酮类抗生素平均浓度较低（150～269 μg/kg），检出率在 55.6%～66.7%；但两类抗生素在有机肥中残留浓度明显低于养殖粪便中的抗生素浓度，这一调查结果，说明畜禽粪便中的抗生素能通过好氧堆肥技术有效去除。

为了解不同畜禽粪肥还田过程中抗生素潜在的风险，采用风险评估模型中的风险熵（Risk quotient，RQ）为评价标准，根据检测出的抗生素环境浓度（PEC）和预测无效应浓度（PNEC）两个数值获得风险表征比（PEC/PNEC）得到 RQ 值，评估了粪肥向土壤施用后的迁移量和潜在生态风险（Li et al.，2014）。当 0.01≤RQ<0.1，定义为低风险；0.1≤RQ<1，定义为中风险；RQ≥1，定义为高风险。

堆肥场生产的商品有机肥生态风险评估结果表明，在黄淮海地区经过堆肥处理的有机肥中，生态风险明显低于原始养殖粪便，氟喹诺酮类抗生素风险平均风险略高于四环素类抗生素，仅有少数堆肥场粪便有机肥经过处理后存在高风险（1<RQ<10），其他均为低生态风险，说明有效的好氧堆肥是降低规模化养殖场粪污中抗生素生态风险的有效控制手段（图 2-4）。

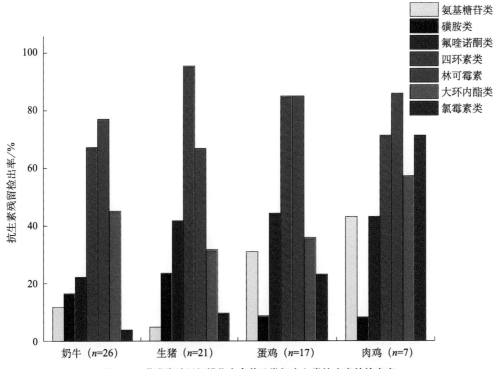

图 2-1　黄淮海地区规模化畜禽养殖粪便中七类抗生素的检出率

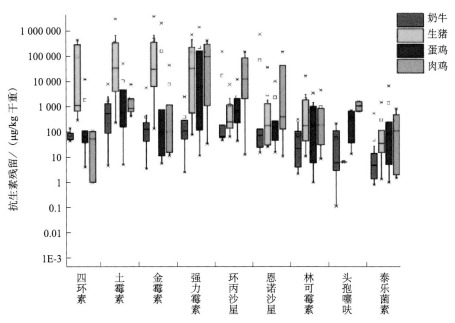

图 2-2 黄淮海地区畜禽养殖粪便中抗生素残留

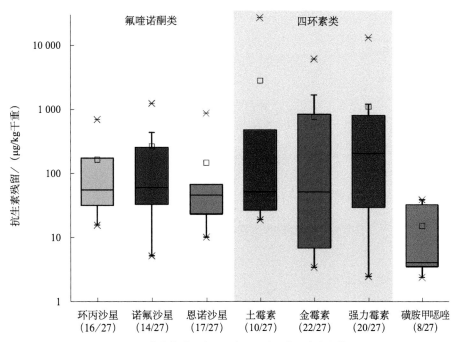

图 2-3 黄淮海地区堆肥场有机肥成品抗生素残留状况

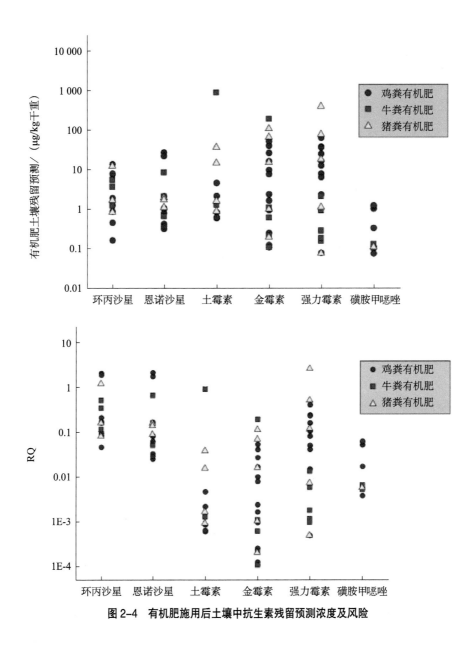

图 2-4 有机肥施用后土壤中抗生素残留预测浓度及风险

2.1.2 抗生素耐药基因污染

畜禽粪便中耐药基因污染问题已成为一个严峻的全球性挑战。畜禽养殖业作为一个巨大的抗生素使用领域，尤其需要关注和解决粪便中耐药基因的污染问题。畜禽粪便是抗生素耐药细菌（ARBs）和相关耐药基因（ARGs）的储存库，粪便中抗生素大量残留，进而引发 ARBs 和 ARGs 的传播。可移动遗传元件（MGEs）介导的水平基因转移（HGT），是环境中的 ARGs 得以富集和广泛存在的重要原因。

使用宏基因组组装结合 ARCs（contigs carrying ARGs）的相对定量分析来建立京津

冀地区 29 个畜禽养殖场的 ARGs 库，检测到 20 种 ARGs，包括 626 个亚型：其中肉鸡粪中 545 个，猪粪中 427 个，蛋鸡粪中 419 个，奶牛粪中 288 个，牛粪中 232 个。86.58% 的 ARGs 属于前 5 种类型，即 β- 内酰胺、多耐药、大环内酯类、氨基糖苷类和四环素类耐药基因；这些类型占总 ARGs 丰度的 74.29%（图 2-5a）。基于 ARGs 亚型相对丰度的 PCoA 分析显示，肉鸡粪便中 ARGs 的分布与生猪中的更相似（图 2-5b）。与城市污水和人类粪便相比，动物粪便中的多耐药基因较多，占 ARGs 总量的 20.3%，而 β- 内酰胺耐药基因的相对丰度较低（3.47%）。以上结果说明畜牧业集约化导致 ARGs 的大量环境释放不容忽视（Qiu et al.，2022）。

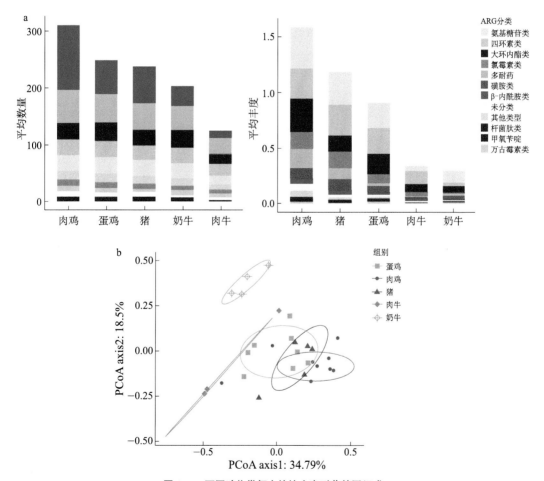

图 2-5　不同动物粪便中的抗生素耐药基因组成

a：ARGs 亚型的平均检测数量和相对丰度（由 16S rDNA 标准化）；b：描述 ARGs 整体分布特征的主坐标分析（PCoA）。

有 201 种 ARGs 亚型在不同的动物粪便中共有，主要包括多耐药（46 种）、大环内酯类（30 种）、四环素类（28 种）、β- 内酰胺类（26 种）和氨基糖苷类（25 种）耐药基因（图 2-6）。此外，这些亚型占粪便样本总 ARGs 相对丰度的大部分；蛋鸡（98%～99%）、肉鸡（89%~99%）、猪（86%~99%）以及牛肉和奶牛（＞99%）。将这201个ARGs亚型定义为动物粪便中的常见耐药基因组。氯霉素外排泵基因在所有样品中有着最高的平均相对丰度（0.046），而在肉鸡粪便样品中的磺胺耐药基因 *sul1* 中检测到单个耐药基因最高相对丰度（0.25个拷贝）（图2-6c）。最广泛存在的ARGs亚型为核糖体保护蛋白基因（*tetW*、*tetM*）和氨基糖苷类失活基因（*aadE*）。氨基糖苷类核苷酸转移酶基因（*aadA*）、链霉素磷酸转移酶基因［*AAC*（6'）*-Ie*、*APH*（2'）*-Ia*、*aph*（3_）*-I*、*aph*（3）*-I* 和 *aph*（6）*-I*］，大环内酯类耐药基因（*ermB* 和 *lnuA*）在猪和鸡粪样本（图2-6c，B组）中占优势。与其他样品相比，肉鸡样品中多耐药外排泵基因的相对丰度更高，如 *mdfA*、*mdtD*、*mdtE*、*mdtF*、*mdtG*、*mdtK*、*mdtL*、*mdtM*、*mdtN*、*mdtP* 和 *mexX*（图2-6c，C组）。相比之下，肉牛粪中四环素耐药基因（*tetO*、*tetQ*、*tet32* 和 *tet40*）和β-内酰胺酶基因（*cfxA2*）（图2-6c，D组）相对丰度较高。

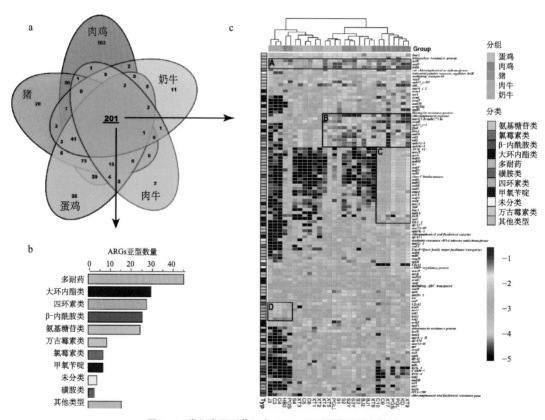

图2-6 粪便常见耐药组中ARGs亚型的维恩图和热图

a：维恩图展示了共有ARGs亚型的数量；b：常见抗性组的组成；c：常见抗性组ARGs（201个ARGs亚型中的113个）的热图，保留平均相对丰度大于0.001个拷贝/16S rRNA基因。（A）所有样本中的主要ARGs亚型；（B）除牛粪外的粪便中的主要ARGs亚型；（C）肉鸡粪便中的主要ARGs亚型；（D）肉牛粪便中的主要ARGs亚型。

HGT是通过MGEs在环境中传播ARGs的重要机制，例如质粒、整合子和转座子。

总体而言，1 200 个 ARGs 中有 695 个（57.92%）由 MEGs 携带，包括质粒（43.68%）、转座酶（16.33%）、整合子（8.50%）和重组酶（3.08%）。此外，741 个 ARGs 位于质粒或染色体上，携带 204 个 ARGs 亚型，可分为 19 个 ARGs 亚型。75.98% 的 ARGs（155 个亚型）在质粒和染色体之间共享，前 20 个相对丰度最高的 ARGs 亚型都由质粒和染色体共享。其中，13 种 ARGs 亚型仅存在于质粒中，而 36 种 ARGs 仅存在于染色体上（图 2-7）。图 2-8 显示，质粒具有类似于染色体的 ARC 相对丰度。氨基糖苷类和四环素类耐药基因在质粒和染色体中均占主导地位。染色体携带较多的多耐药基因，而质粒携带较多的氯霉素和大环内酯类耐药基因。质粒可以帮助耐药细菌与其他菌株共享其 ARGs，故而移动和接合质粒对于在细菌群落中传播 ARGs 特别重要。

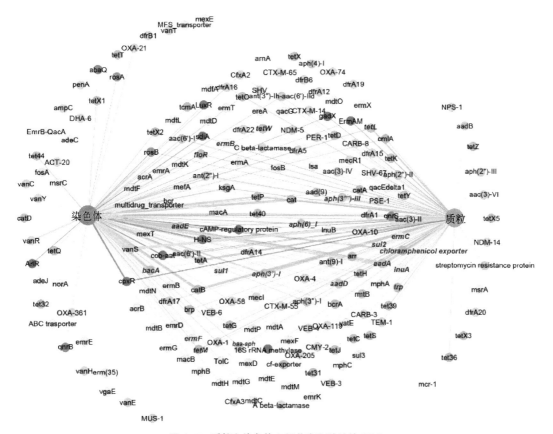

图 2-7　质粒和染色体之间共享和独特的 ARGs

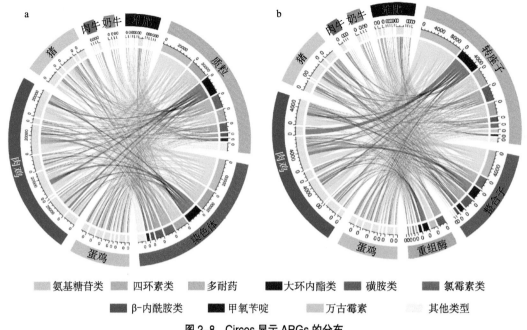

图 2-8 Circos 显示 ARGs 的分布

a：质粒和染色体上的 ARGs 分布；b：与转座酶、整合子和重组酶连锁的 ARGs 的分布。

2.1.3 抗生素多重耐药菌污染

畜禽养殖过程中长期饲喂促生长类抗生素（AGPs）会导致畜禽粪便中分离的菌株对多种抗生素产生耐药性，对畜禽养殖、生态环境等造成严重影响，甚至危害人类健康。我们在 2019 年 7 月《农业农村部公告　第 194 号》（禁止促生长类药物添加）颁布前后，于 2018—2022 年，对河北、宁夏等地区典型蛋鸡、肉鸡、生猪等共 33 个养殖场进行采样，并将泰乐菌素（1 μg/mL）、四环素（16 μg/mL）、磺胺甲噁唑（76 μg/mL）以及恩诺沙星（1 μg/mL）4 种抗生素添加到 LB 培养基中，收集选择性平板上的菌落进行扩增子测序分析猪粪、鸡粪中多重耐药菌的群落结构。

16S rRNA 基因扩增子分析表明，猪粪中多重耐药菌主要分布在变形菌门（Proteobacteria）、放线菌门（Actinobacteria）、厚壁菌门（Firmicutes）和拟杆菌门（Bacteroidetes）。而 AGPs 禁用前猪粪中多重耐药菌群主要分布在变形菌门（71.34%）、放线菌门（20.28%）、厚壁菌门（7.39%）、拟杆菌门（0.95%）（图 2-9）。AGPs 禁用后猪粪中变形菌门相对丰度变化较小（71.46%）；厚壁菌门、拟杆菌门的相对丰度分别上升至 12.44%、12.25%；放线菌门的相对丰度则下降到 3.85%。以上结果表明，在 AGPs 禁用后，多重耐药菌中厚壁菌门占比有所上升，放线菌门占比有所下降。

鸡粪中多重耐药菌主要分布在变形菌门、厚壁菌门、放线菌和拟杆菌门。AGPs 禁用前鸡粪中多重耐药菌群主要分布在变形菌门（42.40%）、厚壁菌门（36.04%）、放线菌门

（17.97%）、拟杆菌门（3.56%）（图 2-10）。AGPs 禁用后鸡粪中变形菌门相对丰度上升至81.966%；厚壁菌门、放线菌门、拟杆菌门的相对丰度分别下降到 15.34%、2.37%、0.20%。与猪粪样品相比，鸡粪样品中拟杆菌门相对丰度较低，说明在不同养殖动物粪便中多重耐药菌群的优势菌门也有所区别，这可能与 AGPs 饲喂的种类、浓度或不同养殖动物肠道内微生物群落组成有关。

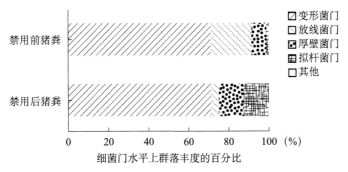

图 2-9　猪粪中多重耐药菌群在门水平上的分布

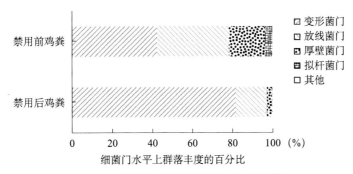

图 2-10　鸡粪中多重耐药菌群在门水平上的分布

对比禁用 AGPs 前后猪粪中多重耐药菌属水平上相对丰度变化（图 2-11）。结果表明，大肠杆菌属（*Escherichia*）在所有样品中都占绝对优势，这与宏基因组学分析结果类似（Qiu et al.，2022）。另外，禁用前多重耐药菌属相对丰度较高的有棒状杆菌属（*Corynebacterium*）、嗜冷杆菌属（*Psychrobacter*）、幼虫依格纳氏菌（*Ignatzschineria*）、绿脓杆菌属（*Pseudomons*）、赖氨酸芽孢杆菌属（*Lysinibacillus*）、葡萄球菌属（*Staphylococcus*）、气球菌属（*Aerococcus*），而在 AGPs 禁用后，这些多重耐药菌属的相对丰度有明显的下降。*Ignatzschineria* 是一种致病性革兰氏阴性菌，其对四环素类、氟喹诺酮类抗生素有较高的耐药性（DiFranza et al.，2021），因此，其在禁用 AGPs 前的样品中分布较多。另外，不动杆菌属（*Acinetobacter*）、肠球菌属（*Enterococcus*）、鞘氨醇杆菌属（*Sphingobacterium*）、库特氏菌属（*Kurthia*）等多重耐药菌属在 AGPs 禁用后相对丰度有所上升，其中，*Acinetobacter* 目前被怀疑是一种食品源多重耐药菌的重要成员，受其污染的乳制品、水果和蔬菜是医院外多重耐药菌的重要储存库，会给免疫力低下群体或者儿童带来安全风险。

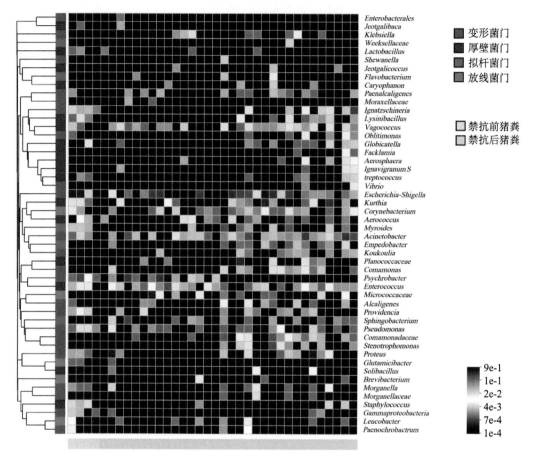

图2-11 猪粪中多重耐药菌群在属水平上的分布

从属水平上看鸡粪中多重耐药菌主要分布情况，发现除 *Escherichia* 外，变形杆菌（*Proteus*）在所有样品中也具有明显优势（图2-12）。禁用前多重耐药菌属的种类高于禁用后，其相对丰度也较高，其中，包含 *Kurthia*、普罗威登斯菌属（*Providencia*）、*Corynebacterium*、*Enterococcus*、亮杆菌属（*Leucobacter*）、产碱杆菌属（*Alcaligenes*）、假单胞菌属（*Paenochrobactrum*），而在 AGPs 禁用后的鸡粪中，这些多重耐药菌属的相对丰度有明显的下降。*Kurthia* 广泛分布于自然界中，暂未发现其致病性，常见于肉制品及畜禽粪便中（韩娜娜 等，2013）。在 AGPs 禁用前样品中丰度较高的 *Providencia* 对磺胺异噁唑、左氧氟沙星、头孢噻呋钠等13种常用抗生素有着较高的耐药性（芮萍 等，2017）。另外，AGPs 禁用后 *Psychrobacter*、*Ignatzschineria*、*Staphylococcus*、克雷伯菌属（*Klebsiella*）、*Pseudomons*、土生拉乌尔菌属（*Raoultella*）等多重耐药菌属相对丰度有所上升。

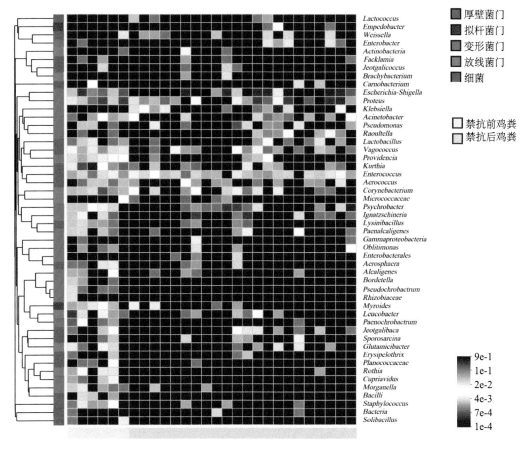

图 2-12　鸡粪中多重耐药菌群在属水平上的分布

　　总体而言，AGPs 禁用前后猪粪、鸡粪样品中多重耐药菌在门水平上主要分布在变形菌门、厚壁菌门、放线菌门和拟杆菌门；在属水平上，*Escherichia* 为所有样品的绝对优势菌属，*Ignatzschineria*、*Pseudomons*、*Lysinibacillus*、*Aerococcus*、*Kurthia*、*Providencia*、*Corynebacterium*、*Enterococcus* 等多重耐药菌属相对丰度在禁用 AGPs 后有所降低。

2.1.4　接合型耐药质粒污染

　　ARGs 的广泛流行是质粒、宿主和环境之间复杂相互作用的结果（Castañeda-Barba et al.，2024）。一方面，质粒可通过接合的方式传播，甚至能够跨越生境传播（Frost and Koraimann，2010）。在人类、动物和环境样本的质粒上发现了临床相关的 ARGs，如 *bla*KPC-1 和 *mcr-1*，这表明接合型质粒对于 ARGs 在不同生境间的传播至关重要（Liu et al.，2016）。接合型质粒在跨越不同质粒类型以及种属水平间的 ARGs 基因水平转移中起着核心作用（Smillie et al.，2010），养殖粪污中风险最高的 ARGs 通常是接合型质粒携带的。

　　通过对北京、河北、宁夏等地养殖粪污中的接合型耐药质粒（Conjugative antibiotic-resistant plasmids，CARP）进行实验捕获，调查了粪便中 CARP 的分布情况及转移频率（李莹 等，2024）。结果表明，不同养殖动物源 CARP 流行情况有一定差异，其中，蛋鸡粪样中 CARP 具有更高的转移能力和流行率（表 2-1）。药敏试验结果显示，64 株接合子大多数为多重耐药菌株，50 株（78.13%）接合子至少对 5 种抗生素耐药；在用于耐药表型实验的 12 种抗生素中，养殖粪便中捕获的接合子对氨苄西林耐药率最高（93.75%），其次为四环素（89.06%）、链霉素（87.50%），对阿米卡星（26.56%）的耐药率最低（图 2-13）。在 3 种动物粪便中，肉鸡粪便中 66.67% 和蛋鸡粪便中 31.7% 接合子能够耐受 10 种抗生素；生猪粪便中有 72.73% 接合子对至少 10 种抗生素耐药。虽然蛋鸡粪中接合型耐药质粒检出率高，但其多重耐药程度要弱于肉鸡和生猪粪。这可能与不同畜禽动物肠道耐药微生物特征有关：一方面，与蛋鸡相比，养殖食品动物（肉鸡和生猪）会添加更多种类及更高浓度的抗生素，因此，肠道微生物中有更多的多重耐药菌及多重耐药基因（Qiu

表 2-1　耐药质粒从粪便到受体菌的接合转移频率

抗生素类型	蛋鸡（n=18）			肉鸡（n=8）			生猪（n=9）		
	接合转移频率		流行率/%	接合转移频率		流行率/%	接合转移频率		流行率/%
	最大值	平均值		最大值	平均值		最大值	平均值	
SMZ	2.8×10^{-4}	1.8×10^{-5}	55.56	1.4×10^{-5}	7×10^{-6}	25.00	4.0×10^{-5}	4.9×10^{-6}	22.22
Tet	5.1×10^{-4}	3.3×10^{-5}	44.44	3.2×10^{-6}	6.8×10^{-7}	25.00	9.5×10^{-5}	2.2×10^{-5}	44.44
CTX	1.3×10^{-5}	1.3×10^{-6}	27.78	4.1×10^{-7}	5.1×10^{-8}	12.50	1.9×10^{-7}	2.1×10^{-8}	11.11
Gent	1.8×10^{-5}	1.1×10^{-6}	11.11	4.0×10^{-8}	5×10^{-9}	12.50	5.8×10^{-5}	6.4×10^{-6}	11.11

注：n 为样品数量；SMZ 为磺胺甲噁唑；Tet 为盐酸四环素；CTX 为头孢噻肟；Gent 为庆大霉素。

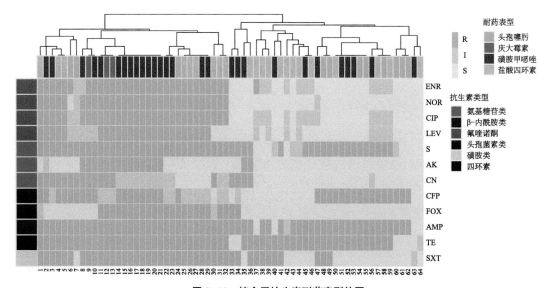

图 2-13　接合子抗生素耐药表型热图

et al., 2021), 从而导致肉鸡和生猪粪中捕获的接合子更容易有多重耐药能力; 另一方面, 接合型耐药质粒在环境中会更倾向于在低丰度、高转移频率的中间宿主菌中存活, 而蛋鸡养殖日龄(300 d)远高于肉鸡(45 d)和生猪(120 d), 蛋鸡肠道菌群的复杂程度也高于食品动物, 更有利于接合型耐药质粒在稀有菌株中得以保留(Qi et al., 2019), 因此, 具有更高的转移频率。

质粒作为 ARGs 在生境内和生境之间的细菌相互传播的重要分子元件, 一旦 ARGs 嵌入像 IncP 和 IncQ 这样的广宿主质粒中, ARGs 就可能转移到包括潜在病原菌的不同系统发育分支的细菌中(Shen et al., 2022)。本研究 64% 的样本含有两个及以上复制子, 主要为 IncF、IncH 和 IncN。IncF 是低拷贝可接合型质粒, 其宿主仅限于肠杆菌, 是畜禽养殖场中常见的质粒复制子类型。此外, 不同养殖场中复制子类型有所差异(图 2-14)。生猪养殖场中广宿主质粒占比最高, 为 35%(IncH、IncN 和 IncR); 蛋鸡中广宿主质粒占比分别为 17%(IncH、IncN 和 IncR), 肉鸡场中 IncH 和 IncN 各占 10%。同时, 观察到不同养殖源的 ARGs 有一定差异(图 2-15), 其中, 蛋鸡养殖场中平均每株接合子检出 19.5 个耐药基因(1 539/79); 肉鸡养殖场中每株接合子平均有 16.6 个耐药基因(366/22), 共

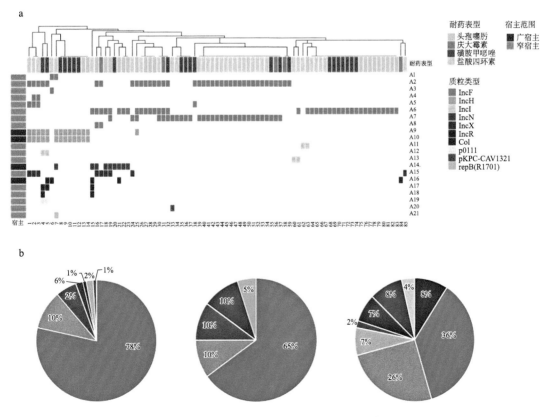

图 2-14　养殖场接合型质粒的复制子分布特征
a: 不同耐药表型; b: 不同动物粪便, 从左到右依次为蛋鸡、肉鸡、生猪。

检出 54 种 ARGs；生猪养殖场中平均每株接合子检出 24 个耐药基因（577/24），与其他养殖场相比数量最多，这可能与其携带的广宿主范围的质粒有关。肉鸡养殖场四环素耐药平板筛选的接合子 T-LP8-1 含有 41 个耐药基因，数目最多。对 T-LP8-1 质粒复制子类型进行鉴定，发现包含 IncHI2、IncHI2A、IncN1、IncFIA（HI1）和 repB（R1701）多种类型，说明该质粒的多重耐药基因可能跟其复制子类型多样有关，其可以在多样的宿主菌中转移以获取不同的 ARGs。据报道 IncHI2 质粒是喹诺酮耐药基因 *oqxAB* 在内地和香港地区动物源和临床来源沙门氏菌中传播的主要载体，该质粒上还携带其他耐药基因，如 *blaCTX-M-14*，或 *aac*（6'）*-Ib-cr*、*catB3*、*blaOXA-1*、*sul2* 和 *sul3* 等（Li et al., 2014）。本研究在该质粒中也检出了氟喹诺酮类耐药基因 *oqxA*、*oqxB*；氨基糖苷类耐药基因 *aac*（6'）*-Ib-cr*；氯霉素类耐药基因 *catB3*；磺胺类耐药基因 *sul1*、*sul2*、*sul3* 等。这表明了广宿主的接合型质粒有可能携带更多的 ARGs，很大程度上增加了 ARGs 的传播风险。

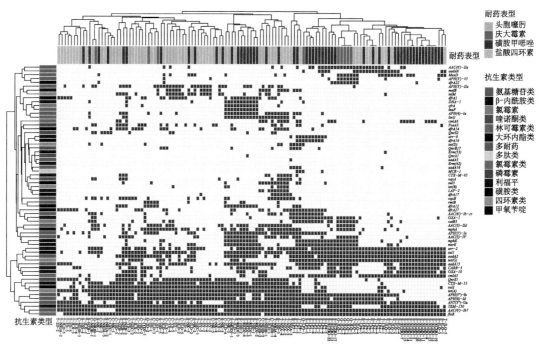

图 2-15　不同耐药表型接合型质粒上 ARGs 亚型的分布情况

2.2　好氧发酵对畜禽粪便中抗生素耐药基因的削减作用及机制

利用微生物在一定温度、湿度、pH 值条件下，将有机废弃物进行生物化学降解，使其成为富含腐殖质的物质，并用作肥料和改良土壤，这种利用微生物降解有机性废弃物的方法称为堆肥化处理。根据处理过程中起作用的微生物对氧气要求的区别，堆肥又分为好氧堆肥和厌氧堆肥法两种，好氧堆肥发酵能够利用好氧微生物的作用使堆体快速升温且保持特定时间，以达到杀灭病原菌及寄生虫卵，稳定营养物质的作用。目前研究表明，好氧堆肥能有效降低粪便中的抗生素残留，并降低耐药菌、耐药基因的种类和丰度，是一种降低多种污染物生态风险的处理方法。好氧堆肥能够显著减少畜禽养殖粪便中兽用抗生素的含量，包括磺胺类、β-内酰胺类、四环素类、大环内酯类等抗生素，从而达到控制抗生素在种植环境中的扩散和积累。同时，好氧堆肥还可以部分削减畜禽粪便中的耐药基因种类及丰度，减少其在土壤和水体中的传播风险。通过良好的堆肥管理和控制条件，可以最大限度地提高好氧堆肥对抗生素和抗性基因的削减效果。因此，好氧堆肥作为一种可持续的粪便处理技术，对减少畜禽养殖对环境的负面影响，对维护生态平衡具有重要意义。

在堆肥过程中，细菌群落的组成和演替在消除耐药基因中起着至关重要的作用。在堆肥过程中有明显的高温阶段，原料中残留的抗生素受高温、有机物吸附、微生物降解等综合作用被降解或转化。此外，在好氧堆肥高温条件下，大部分耐药基因的相对丰度会随着宿主菌群的减少而出现明显下降。因此，在堆肥过程中，耐药基因的消长与堆肥方式、通风条件、高温持续时间、辅料及堆肥菌剂的添加等工艺参数相关，同时，也受温度、含水率、pH 值、氧含量、营养元素、重金属含量等环境因子显著影响。

2.2.1　堆肥方式对抗生素和耐药基因削减影响

目前，处理畜禽粪便的常用堆肥方式主要有 3 类，一类是农家田间沤肥（静置堆肥），另一类是条垛式借助翻抛机翻堆的好氧堆肥（自然通风），还有一类是有强制通风措施的翻堆好氧堆肥（强制通风）。通过在堆肥中添加 50 mg/kg（终浓度）的土霉素、磺胺甲噁唑、环丙沙星和红霉素 4 种抗生素，对比静置堆肥、自然通风、强制通风 3 种工艺条件（通风条件）下，对家禽粪便中 4 种抗生素在堆肥过程中的降解情况进行分析。结果表明，堆肥 20 d 后翻堆和强制通风两种堆肥方式中 4 种抗生素的去除率都达到 90% 以上，除土霉素外堆肥产品中残留浓度均在 100 μg/kg 以下（图 2-16）；而静态堆肥对抗生素去除能力较差，尤其是土霉素和红霉素，20 d 去除率分别为 80.6% 和 86.5%，直到 68 d 红霉素才降解到 1 mg/kg，而在静置堆沤的条件下土霉素在整个实验周期内始终没有降解至 1 mg/kg 以下。

该研究中从堆肥开始到高温期结束这一期间的土霉素、磺胺甲噁唑、环丙沙星和红霉素的浓度变化可以用一级动力学方程 $C_t=C_0 e^{-kt}$ 拟合，求出不同通风方式下土霉素、磺胺甲噁唑、环丙沙星和红霉素浓度变化的降解速度和半降解周期。经过拟合，方程 R^2 值介于 0.914～0.995，静置堆肥、自然通风和强制通风组的相关系数 R^2 均大于 0.9（表 2-2），

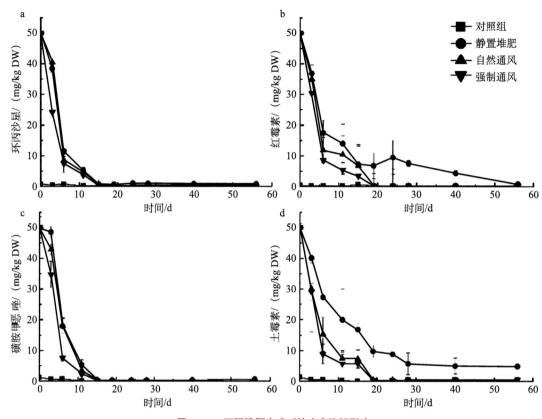

图 2-16　不同堆肥方式对抗生素降解影响
a：环丙沙星；b：红霉素；c：磺胺甲噁唑；d：土霉素。

说明抗生素在堆肥中降解过程符合一级动力学方程。由半降解期可以看出，不同的堆肥方式下抗生素的降解速率有所不同。在整个堆肥处理过程中，4 类抗生素降解速率快慢顺序依次均为强制通风＞自然通风＞静置堆肥，即均随着通风供氧条件的增强，抗生素更易被降解。而在强制通风条件下，土霉素、磺胺甲噁唑、环丙沙星和红霉素 4 种抗生素降解速率大小依次为环丙沙星＞磺胺甲噁唑＞红霉素＞土霉素，土霉素的半降解期最长为 3.15 d，环丙沙星的半降解期最短为 2.77 d。在自然通风条件下，4 种抗生素的降解速率快慢顺序依次为土霉素＞环丙沙星＞红霉素＞磺胺甲噁唑，磺胺甲噁唑的半衰期最长为 3.92 d，土霉素的半衰期最短为 3.8 d。在静置堆肥条件下，4 种抗生素的降解速率快慢顺序依次为环丙沙星＞磺胺甲噁唑＞红霉素＞土霉素，土霉素的半衰期最长为 8.25 d，环丙沙星的半衰期最短为 4.03 d。以上结果说明，不同堆肥方式对不同抗生素的降解效果均不同，且在堆肥过程中充分的通风条件下能使抗生素更快降解。

为了研究不同堆肥方式对耐药基因削减的影响，采用宏基因组学分析堆肥前后耐药基因变化。结果表明，堆肥能有效消减鸡粪中耐药基因种类，并且多数氨基糖苷类（Aminoglycoside）、四环素类（Tetracycline）、大环内酯类（Macrolide）、氯霉素类

（Chloramphenicol）及多耐药基因（Multidrug）的相对丰度均在堆肥后得到有效削减（去除率大于 80%）（图 2-17）。

表 2-2　堆肥中抗生素的降解动力学方程和半降解期

抗生素	通风方式	一级动力学方程	相关系数 / R^2	半降解期 / [$(t_{1/2})$/d]	降解至 1mg 以下时间 – 预测 /d*	降解至 1mg 以下时间 – 实际 /d
土霉素	静置堆肥	$C = 51.58e^{-0.084t}$	0.978	8.25	47	>68
	自然通风	$C = 51.58e^{-0.182t}$	0.992	3.80	22	19
	强制通风	$C = 51.58e^{-0.223t}$	0.981	3.15	17	19
磺胺甲噁唑	静置堆肥	$C = 56.81e^{-0.162t}$	0.940	4.28	26	15
	自然通风	$C = 56.81e^{-0.177t}$	0.964	3.92	23	15
	强制通风	$C = 56.81e^{-0.223t}$	0.973	2.88	17	15
环丙沙星	静置堆肥	$C = 47.12e^{-0.171t}$	0.943	4.03	21	24
	自然通风	$C = 47.12e^{-0.178t}$	0.914	3.88	21	15
	强制通风	$C = 47.12e^{-0.241t}$	0.995	2.71	15	15
红霉素	静置堆肥	$C = 53.10e^{-0.129t}$	0.937	5.37	30	68
	自然通风	$C = 53.10e^{-0.178t}$	0.972	3.89	22	19
	强制通风	$C = 53.10e^{-0.230t}$	0.984	3.01	18	19

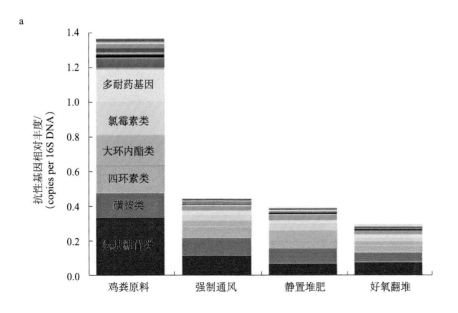

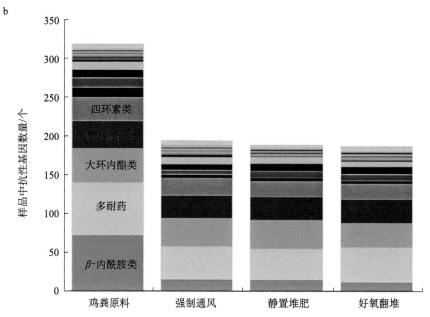

图 2-17　不同堆肥方式堆肥前后的耐药基因相对丰度（a）和种类变化（b）

同时，对好氧堆肥和静置堆沤（缺氧）两种处理鸡粪堆肥的常见处理方式对耐药基因的削减能力进行了对比（图 2-18）。结果表明，多数耐药基因在高温期（20 d 内）的相对丰度会有明显的下降，堆肥对粪污中多耐药的耐药基因去除最为明显，平均去除率在 92%；对磺胺耐药基因去除不明显，在高温期（20 d）有所下降，但二次腐熟期过后（56 d）相对丰度有所增长（30%～40%）。好氧堆肥在四环素类耐药基因和大环内酯类耐药基因的去除率均优于缺氧堆肥（传统沤肥），四环素类耐药基因平均去除率：68.2%（好氧）和 56.3%（缺氧）；大环内酯类耐药基因平均去除率：79.4%（好氧）和 16.6%（缺氧）（图 2-18）。因此，好氧堆肥对鸡粪堆肥中大多数耐药基因的削减能力高于缺氧堆肥。

2.2.2　堆肥辅料对抗生素和耐药基因削减的影响

为研究不同堆肥辅料对抗生素和耐药基因的影响，选取稻壳、蘑菇渣、小麦秸秆和稻壳 4 种堆肥辅料。在原料中添加磺胺甲噁唑和恩诺沙星，开展了 16 d 的实验室规模堆肥实验。结果表明，辅料对磺胺甲噁唑的降解影响不大，添加 4 种堆肥辅料进行堆肥后，磺胺甲噁唑在 4 d 内残留量均低于 0.5 mg/kg 以下，说明磺胺类抗生素较易降解，且不受辅料的种类影响（图 2-19）。；但辅料对于喹诺酮类抗生素（恩诺沙星）的降解有不同的影响，在 4 种堆肥辅料中以玉米秸秆为辅料的处理组，其恩诺沙星降解速度最快，10 d 内降解至 0.5 mg/kg 以下，这与玉米秸秆堆肥组的高温期的温度以及持续时间均高于其他辅料有关（图 2-20）。

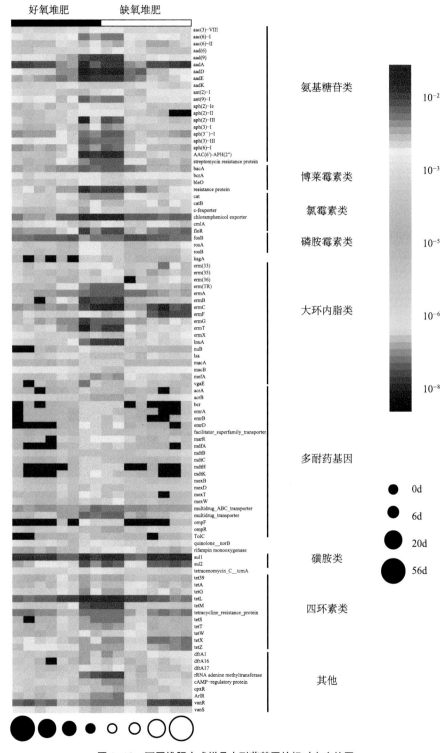

图 2-18　不同堆肥方式样品中耐药基因的相对丰度热图

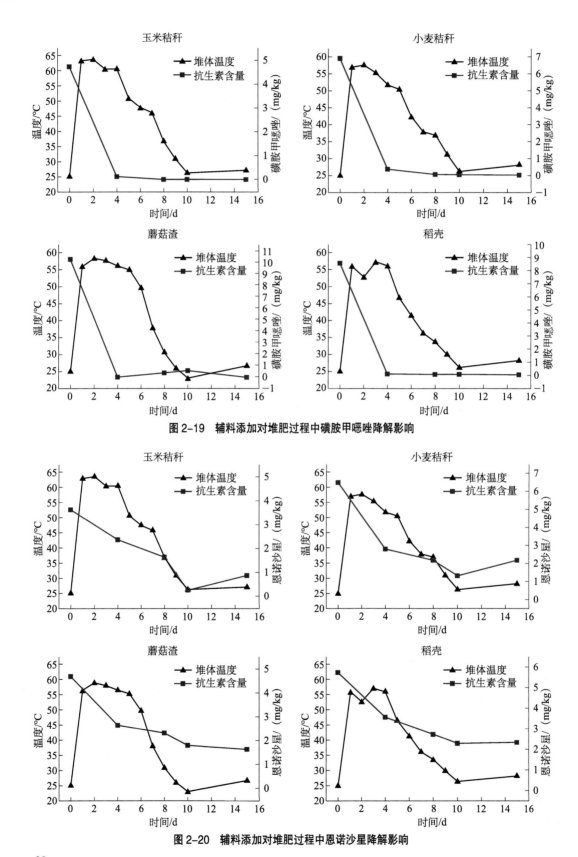

图 2-19　辅料添加对堆肥过程中磺胺甲噁唑降解影响

图 2-20　辅料添加对堆肥过程中恩诺沙星降解影响

通过宏基因组学对使用不同堆肥辅料的堆肥耐药基因进行了分析，发现使用玉米秸秆和蘑菇渣进行堆肥在堆肥第 10 d 总耐药基因相对丰度削减率较高，分别达到了 49.3% 和 29.8%；使用稻壳和小麦秸秆进行堆肥的耐药基因去除效果差，仅为 14.5% 和 0.6%（图 2-21）。因此，玉米秸秆作为堆肥辅料最有利于耐药基因的去除。堆肥过程中 β- 内酰胺类耐药基因的相对丰度在使用不同堆肥辅料中去除率最高，达到 96% 以上，而对磺胺类和甲氧苄啶类耐药基因去除效果最差，在堆肥第 15 d 时相对丰度均有所增长。由此可见，添加不同辅料进行好氧堆肥对耐药基因去除效果有差异，其中，添加玉米秸秆的去除效果最好，但是堆肥对不同类型的耐药基因削减效果也有所区别，对 β- 内酰胺类耐药基因的削减效果最好，部分耐药基因如磺胺类和甲氧苄啶类耐药基因的相对丰度反而随着堆肥结束而有所升高，说明该类耐药基因能够耐受好氧堆肥的高温处理，应成为今后优化堆肥对耐药基因的削减效果的研究重点。

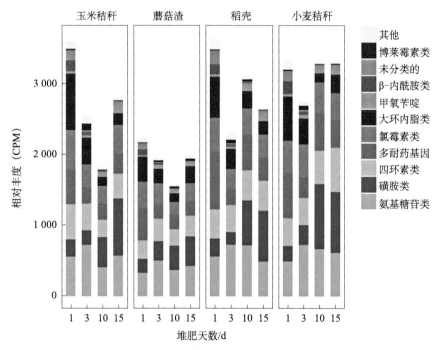

图 2-21　不同类别的耐药基因相对丰度随堆肥变化

通过对排在前 30 的耐药基因的相对丰度变化进行分析，发现 4 种堆肥辅料处理后大多数耐药基因（如 *mphC*、*mexT*、*lnuA*、*tetK*、*tetM* 和 *aadD* 等）相对丰度在 10 d 内显著下降（图 2-22），只有少数基因如 *dfrA1*、*tetX3*、*tetG*、*floR* 等相对丰度在此阶段增加。此阶段同时也是好氧堆肥的嗜热阶段，堆肥温度均高于 50 ℃，且添加玉米秸秆的堆体最高温度和高温持续时间优于其他辅料（表 2-3）。许多携带 ARGs 的细菌在堆肥的嗜温期会大量繁殖，过渡到嗜热期后这些细菌会逐渐被杀死，这导致 ARGs 的相对丰度迅速降低

（Qian et al.，2016）。在堆肥中后期的第 15 d 时，部分 ARGs 相对丰度出现不同程度增长，这可能与高温结束，二次腐熟时期中温细菌的活性有所增长有关。

表 2-3　堆肥过程中温度变化情况

样品编号	辅料类型	实时温度 /℃			
		第 1 d	第 3 d	第 10 d	第 15 d
A	玉米秸秆	25	63.6	36.7	27.1
B	小麦秸秆	25	57.5	36.9	28.1
C	蘑菇渣	25	58.6	30.8	26.7
D	稻壳	25	52.6	33.5	28.1

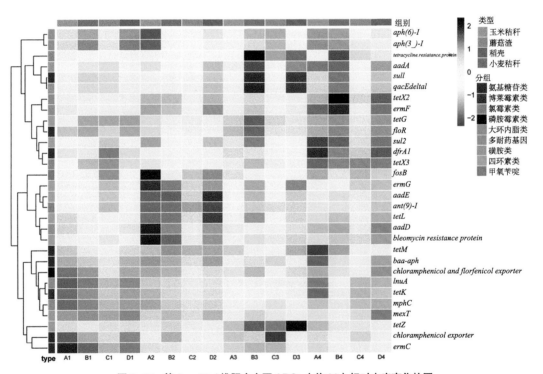

图 2-22　第 1～15 d 堆肥中主要 ARGs（前 30）相对丰度变化热图

2.2.3　堆肥菌剂对抗生素及耐药基因削减的影响

为比较堆肥菌剂对鸡粪中抗生素削减的影响，利用秸秆作为调理剂，菌剂添加量为 0.5%。共实验了 3 种菌剂：菌剂 1 和菌剂 2 分别为市售堆肥腐熟剂（CT-1000 和 CM），菌剂 3 为北京市农林科学院生物所研制的复合堆肥菌剂 BABRC-100（主要含有乳酸菌、芽孢杆菌、酵母等）。结果表明，4 组堆肥中土霉素（OTC）、金霉素（CTC）、强力霉素（DOX）均随着堆肥时间延长而逐渐降低。在一次腐熟结束时，有菌剂添加的实验组的金霉素和强力霉素降解率均高于对照组（图 2-23）。另外，由于四环素可由其他降解产生，原料中未检出的四环素随着时间的延长而被检出，最终浓度约在 70 μg/kg。

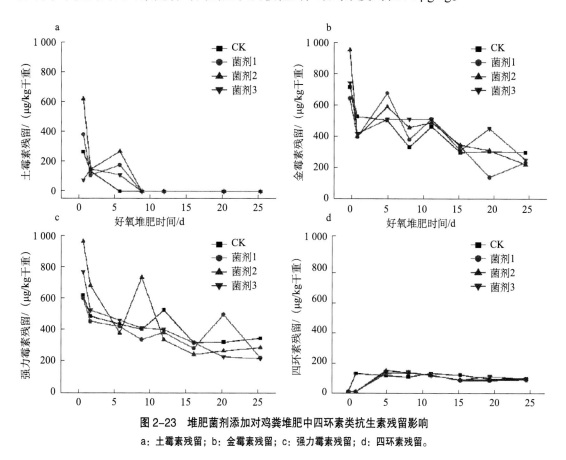

图 2-23　堆肥菌剂添加对鸡粪堆肥中四环素类抗生素残留影响
a：土霉素残留；b：金霉素残留；c：强力霉素残留；d：四环素残留。

Liang 等（2020）研究了复合菌剂对堆肥过程中四环素耐药基因（*TRGs*）的去除效果。复合菌剂由苍白杆菌、伯克霍尔德氏菌和念珠菌按 1∶2∶2 的比例组成。菌剂中苍白杆菌、伯克霍尔德菌和念珠菌的绝对浓度分别为 $1.74×10^9$ CFU/g、$2.4×10^9$ CFU/g 和 $3.16×10^9$ CFU/g。共设置对照组（CT 组）、添加 DOX 组（DT 组）、复合菌剂 1 组（MT1 组）和复合菌剂 2 组（MT2 组）。CT 组不添加 DOX 和复合微生物菌剂，其余 3 组均添加 15 mg/kg 的 DOX。其中，MT1 组在第 0 d 添加 1.6% 复合菌剂，MT2 组在第 0 d 和第 11 d 分 2 次添加 0.8% 复合菌剂。结果表明，所有组中大多数 TRGs 在高温阶段均呈下降趋势，然后在堆肥后期逐渐上升（图 2-24）。堆肥结束时，复合菌剂组与 DT 组之间除 *tetX* 和 *tetM* 外的 TRGs 丰度差异均不显著（$P>0.05$）。MT2 组中 *tetX* 的丰度比 DT 组降低了 76.89%（$P<0.05$），表明分两次添加复合微生物剂促进了 *tetX* 的去除。此外，MT1 组和 MT2 组之

间所有 TRGs 均无显著差异（$P>0.05$）。但 DT 组 *tetA* 和 *tetM* 的拷贝数显著高于 CT 组，分别为 2.53 倍和 17.31 倍（$P<0.05$）。堆肥结束后 CT、DT、MT1 和 MT2 组总 TRGs 的平均丰度分别下降了 51.55%、20.12%、24.06% 和 38.71%。总体而言，结果表明，复合菌剂降低了 TRGs 污染的风险，但 DOX 确实增加了 *tetA* 和 *tetM* 等基因丰度增加的风险。

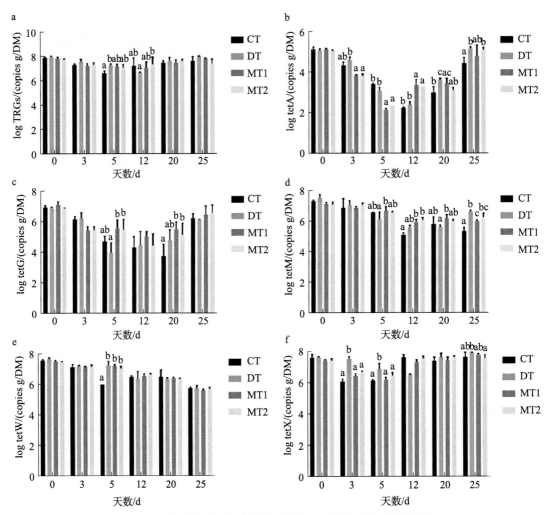

图2-24 复合菌剂添加对鸡粪堆肥过程中四环素类抗生素耐药基因影响

a: *TRGs*；b: *tetA*；c: *tetG*；d: *tetM*；e: *tetW*；f: *tetX*

2.2.4 堆肥高温时间对多重耐药菌及耐药基因削减的影响

高温堆肥是畜禽粪便无害化处理的有效途径，堆肥过程中温度、微生物群落组成、理化性质等都能够影响 ARGs 的丰度（Liao et al.，2019）。尤其是堆肥的高温对于畜禽粪便中 ARGs 的削减十分重要。

堆肥原料由鸡粪和玉米秸秆粉组成，并加入多重耐药大肠杆菌 XT13A1 菌液搅拌均匀。大肠杆菌 XT13A1 携带接合型转移质粒，该质粒携带有 Ⅰ 类整合子－整合酶基因（*intl1*）、代表接合型质粒的转移酶基因 *MOBP*、氨基糖苷类耐药基因 *APH（3）-Ib* 及磺胺类耐药基因 *sul2*。试验设置两个处理组，分别为常规堆肥组（NT）和延长高温时间组（CT），每个处理组设 3 个重复。NT 组 0～27 d 进行自然堆肥过程，CT 组 0～11 d 自然堆肥，12～27 d 设置温度 55 ℃，延长堆肥高温期。堆肥过程中曝气速率保持在 0.05 L/（min·kg）。六台堆肥反应器中分别加入 27 kg 堆肥原料混合物，堆体内部埋入尼龙隔离网袋样品，保证其与反应器内未加菌堆体隔离。同时反应器外放置一个网袋，不参与堆肥过程（CK 组）。

采用选择性培养方法，检测了高温持续时间对具有四环素、恩诺沙星、磺胺甲噁唑、泰乐菌素和庆大霉素抗性的多重耐药菌的影响。结果表明，NT 和 CT 组的堆体中细菌总数均有降低，CK 组堆体细菌总数有所增加（表 2-4），表明堆肥可以减少原料中的细菌总数。此外，堆肥高温期的 NT 组和 CT 组都未有多重耐药菌检出，而 CK 组始终有多重耐药菌检出，说明堆肥高温可以有效灭活原料中的多重耐药菌，可以降低耐药致病菌随有机肥进入土壤的风险（邓雯文，2019）。然而在第 27 dNT 组（NT—腐熟期结束）又有多重耐药菌的出现，而延长高温的 CT 组即使在腐熟期结束后都始终没有多重耐药菌被检出，这说明了延长堆肥高温期能够明显抑制多重耐药菌的反弹。

表 2-4 总菌数和多重耐药菌数量变化

样品名称	总菌数 /（CFU/g）	多耐药菌数量 /（CFU/g）	多耐药菌比例 /%
初始物料	$(4.0 \pm 0.30) \times 10^8$	$(9.2 \pm 0.35) \times 10^7$	23
NT 高温期	$(5.6 \pm 0.08) \times 10^4$	—	
CT 高温期 CK 前期	$(5.1 \pm 0.24) \times 10^4$ $(7.7 \pm 0.25) \times 10^8$	— $(2.9 \pm 0.12) \times 10^6$	0.37
NT 高温结束	$(5.9 \pm 0.45) \times 10^3$	—	
NT 腐熟结束	$(1.1 \pm 0.41) \times 10^8$	$(2.5 \pm 0.21) \times 10^4$	0.023
CT 高温期束	$(2.6 \pm 0.17) \times 10^6$		
CK 后期	$(9.2 \pm 0.46) \times 10^8$	$(9.8 \pm 0.25) \times 10^4$	0.011
CT 腐熟结束	$(3.2 \pm 0.35) \times 10^6$		

采用 16S rRNA 基因扩增子测序技术，对初始物料、NT 腐熟期结束、CK 的前期和后期样品中的多重耐药菌群落组成进行分析。结果表明，CK 前期样品的物种多样性相比原始物料明显增多，主要有鞘氨醇单胞菌科（norank_f__Sphingobacteriaceae）（8.99%）、盐单胞菌属（*Halomonas*）（8.89%）、居绿藻菌（*Ulvibacter*）（6.81%）和黄单胞科（norank_f__Xanthomonadaceae）（5.62%）（图 2-25）。然而在 CK 后期样品中多重耐药菌种类明显减少，主要以贝氏谷氨酸杆菌（*Glutamicibacter*）（51.9%）为优势属，其次为假单胞菌属（*Pseudomonas*）（23.3%）、人类产碱菌属（*Paenalcaligenes*）（16.39%）。该结果可以说明

即使未进行堆肥，大肠杆菌 XT13A1 携带的多重耐药质粒也会随时间的延长而在缺少抗生素环境压力的情况下被淘汰，导致整体菌群的多重耐药性下降。另外，堆肥腐熟期结束后的 NT 样品中 *Paenalcaligenes* 占明显优势，相对丰度为 96.87%，其次是嗜油脂极小单胞菌属（*Pusillimonas*）占 3.70%。但这 2 个菌属在第 0 d 的检测中几乎没有。出现这种结果可能与 ARGs 的转移作用有关。

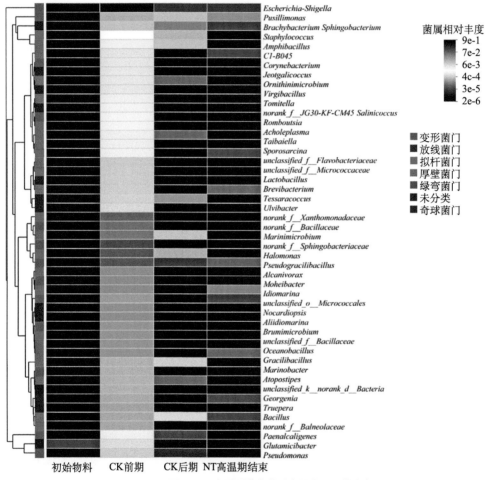

图 2-25　多重耐药菌菌群在属水平上的分布

ARGs 的相对丰度通常表征菌群中相应耐药水平的高低（Zhou et al.，2022）。因此，采用数字 PCR 定量检测堆肥过程中大肠杆菌 *XT13A1* 的 *16S rRNA* 基因、接合型质粒转移酶基因（*MOBP*）、氨基糖苷类耐药基因 [*APH*（3）-*Ib*] 及磺胺类耐药基因（*sul2*）和 I 类整合子 - 整合酶基因（*intl1*）等相对丰度变化（图 2-26）。结果显示，肠杆菌 16S rRNA 基因在 CT 组的相对丰度削减率为 99.80%，在 NT 组削减率为 99.79%。*MOBP* 基因相对丰度在 CT 组中削减率为 99.92%，在 NT 组中为 99.81%。此结果说明堆肥对于多重耐药大肠杆菌及其接合型耐药质粒有良好的削减效果，相对丰度削减率均达到 99% 以上。然而，多重耐药菌携带的 *APH（3）-Ib*、*sul2* 和 *intl1* 3 种基因的相对丰度却未出现持续下降，尤其在 NT 组，反而随着堆肥高温期结束而逐渐升高。在 CT 组中，*APH（3）-Ib*、*sul2* 和 *intl1* 在高温期结束时相对丰度明显降低，经历腐熟期后，相对丰度几乎不变（表 2-5）。并且代表接合型耐药质粒的基因有明显下降，说明这 3 种基因传播的增长不会来自接合转移的水平转移作用，而可能通过耐药基因随宿主增长的垂直传播作用。以上结果表明，虽然能够垂直传播的 *APH（3）-Ib*、*sul2* 和 *intl1* 等 ARGs 相对丰度会随高温期结束而出现增长，但延长高温时间能够提高堆肥过程中 ARGs 的消减率。

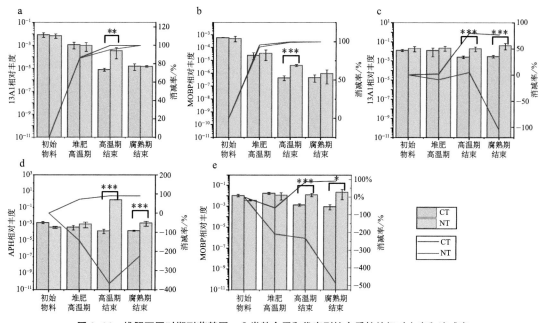

图 2-26　堆肥不同时期耐药基因、Ⅰ类整合子和代表型接合质粒的相对丰度和消减率

为研究堆肥过程中耐药菌及其 ARGs 削减速率特征，按堆肥时间对堆肥过程中 ARGs 相对丰度数据进行拟合。结果表明，肠杆菌特异的 16S rRNA 基因和质粒 MOBP 基因削减规律符合一级动力学方程（$R^2 > 0.99$），而 *sul2*、*intl1* 和 *APH（3）-Ib* 削减规律并不符合一级动力学方程（表 2-5）。肠杆菌特异的 *16S rRNA* 基因的 CT 组拟合曲线，削减速率常数为 0.192，半消减期 3.61 d。NT 组消减速率常数为 0.237，半消减期 2.92 d，两者在 15 d 内相对丰度分别降低到 3.931×10^{-5} copies/（16S rDNA·copies）和 4.860×10^{-5} copies/（16S rDNA·copies）。此结果说明常规堆肥能够在 15 d 内对肠杆菌产生有效消减，这与前期堆肥的模拟研究结果一致（姜欣然 等，2022）。MOBP 在 CT 组中消减速率常数为 0.277，半消减期 2.50 d；NT 组中消减速率常数为 0.241，半消减期为 2.87 d。两个处理中半消减期均小于 3 d，且消减速率都快于肠杆菌，说明在堆肥高温环境下，多耐药质粒的稳定性差于肠杆菌，更容易丢失（Ezzariai et al.，2018）。

表 2-5　堆肥中基因相对丰度的削减速率和半削减期

基因	分组	一级动力学方程	决定系数 R^2	削减速率常数 /d	半削减期 /d
MOBP	CT	$C=6.04 \times 10^{-4} \times e^{-0.2774t}$	0.999	0.277	2.50
	NT	$C=5.16 \times 10^{-4} \times e^{-0.2411t}$	0.998	0.241	2.87
APH（3）-Ib	CT	$C=1.55 \times 10^{-3} \times e^{-0.0893t}$	0.218	—	—
	NT	$C=4.25 \times 10^{-4} \times e^{0.0452t}$	−0.269	—	—
sul2	CT	$C=1.09 \times 10^{-2} \times e^{-0.0791t}$	0.646	—	—
	NT	$C=3.78 \times 10^{-4} \times e^{0.0681t}$	0.331	—	—
intl1	CT	$C=1.28 \times 10^{-2} \times e^{-0.0615t}$	0.333	—	—
	NT	$C=6.04 \times 10^{-4} \times e^{0.0276t}$	0.462	—	—
肠杆菌 16S rRNA 基因	CT	$C=1.15 \times 10^{-3} \times e^{-0.1919t}$	0.999	0.192	3.61
	NT	$C=7.06 \times 10^{-3} \times e^{-0.2373t}$	0.993	—	—

　　我们采用分段法对 *APH（3）-Ib*、*sul2* 和 *intl1* 3 种不符合一级动力学的基因相对丰度进行线性回归分析（图 2-27）。CT 组中 3 种基因相对丰度在堆肥后期过程中仍以一定的

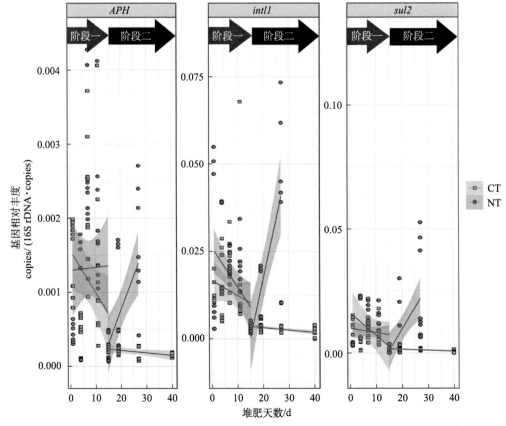

图 2-27　堆肥过程中不同处理组中Ⅰ类整合子和耐药基因相对丰度削减曲线

速率下降，在腐熟期结束后对比第 0 d 都有明显的去除效果。但 NT 组中 3 种基因相对丰度在第 15 d 后相对丰度都以一定的速率上升，在腐熟期结束后对比原料并没有明显的去除效果。综上所述，*APH*（3）*-Ib*、*sul2* 和 *intl1* 相对丰度的削减动力学呈现高温期下降、二次腐熟期上升的特点，延长高温时间能够显著抑制第二阶段出现的反弹。

ARGs 的变化更多地取决于潜在宿主细菌的动态变化，确定堆肥过程中与 ARGs 相关的潜在人类致病菌变化也具有重要意义（Povolo and Ackermann，2019）。因此，对丰度前 30 的菌属与大肠杆菌 16S rRNA 基因、*MOBP*，*APH*（3）*-Ib*、*sul2* 以及 *intl1* 进行相关性分析。结果显示，与磺胺类耐药基因 *sul2* 相关的菌属如假纤细芽孢杆菌属（*Pseudogracilibacillus*）、放线菌属（*Aerosphaera*）、芽胞八叠球菌属（*Sporosarcina*）等，随着高温持续时间延长而得到了有效的控制，CT 组 4 个菌属的相对丰度均低于 NT 组（图 2-28）。氨基糖苷类耐药基因 *APH*（3）*-Ib* 也观察到类似的规律。与以上两种垂直传播的抗性基因不同，CT 组中与 *intl1* 显著相关的大洋芽胞杆菌属（*Oceanbacillus*）、格雷斯杆菌属（*Gracebacillus*）、糖单胞菌属（*Saccharomonospora*）3 个菌属，在 CT 和 NT 最终堆肥产物中相对丰度组成特点各不相同，*Oceanbacillus* 在 NT 中更多，*Gracebacillus* 在 CT 和 NT 处理中基本没有差异，而 *Saccaromonaspora* 在 CT 组中更为丰富，可能原因是 *intl1* 为典型的基因水平转移元件，分布更为广泛，很难用单一或少数菌属的丰度增加或减少来关联其潜在宿主。以上结果说明，常规堆肥不足以完全消除耐药细菌和所携带的 ARGs，适当延长高温持续时间可以抑制堆肥高温期后 ARGs 相关细菌的生长，有利于减少最终堆肥产品中 ARGs 相对丰度。

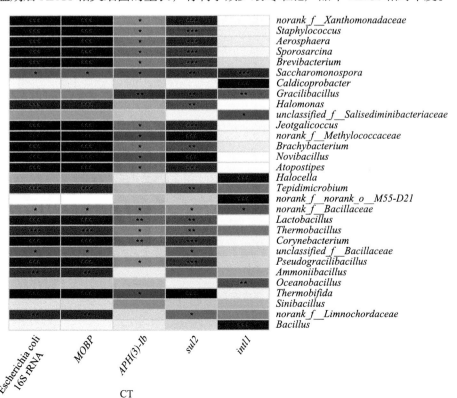

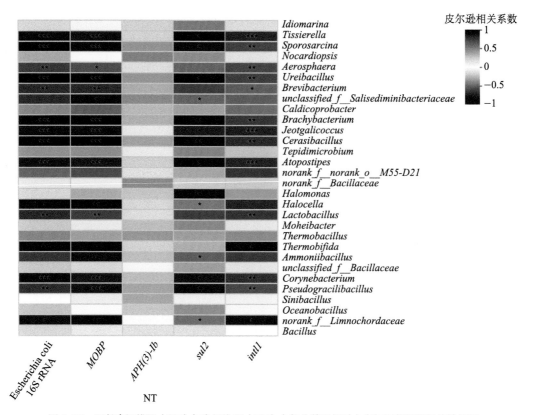

图 2-28　延长高温堆肥（CT）与常规堆肥（NT）中部分基因相对丰度与细菌群落相关性热图

2.2.5　堆肥通气量对多重耐药质粒宿主范围的影响

尽管好氧堆肥被视为一种有效的有机肥生产方式，并能去除部分抗生素，但腐熟的堆肥产品中仍可能存在抗生素残留（Qiu et al., 2021）。这些残留的抗生素可能促进 ARGs 从动物肠道细菌向环境细菌的转移（Jutkina et al., 2018；Udikovic-Kolic et al., 2014）。相较于整合子和噬菌体等其他可移动遗传元件（MGEs），接合性质粒在介导 ARGs 向系统发育距离较远的细菌类群转移过程中发挥着重要的作用（Che et al., 2021）。动物粪便中富含携带 ARGs 的接合质粒，其中部分质粒在堆肥后可能仍然存在，并通过土壤、水和植物等途径将 ARGs 传播给人类（Le Devendec et al., 2016；Lin et al., 2021；Sardar et al., 2021；Xu et al., 2021）。

为了评估携带 ARGs 的质粒在堆肥过程中的变化情况，有必要深入了解堆肥条件如何影响质粒的宿主转移范围。质粒接受性试验已被证明是检测质粒宿主多样性的有效方法（Musovic et al., 2014）。尽管堆肥后抗生素耐药菌（ARBs）的比例可能有所降低，但仍能检测到一些 ARBs，包括耐药的大肠杆菌，并且这些持久存在的 ARBs 通常携带有耐药质粒（Song et al., 2021；Yoshizawa et al., 2020）。因此，传统的堆肥方法无法有效控制畜禽粪便中磺胺或黏菌素耐药质粒的转移风险（Le Devendec et al.，2016；Lin et al.，2021）。尽管较高的堆肥温度可能会缩小多药耐药质粒 RP4 的宿主转移范围，但在堆肥后仍能检测到含有 RP4 质粒的接合子（Shen et al.，2022）。因此，深入探究堆肥对动物粪便中质粒宿主转移范围的影响，可以为优化现有的堆肥方法提供理论依据。同时，也有助于减轻动物粪便中的 ARGs 在环境中的传播。

堆肥过程中的好氧条件对于污染物的降解具有至关重要的作用，这包括抗生素（Ray et al.，2017）、ARGs（Chang et al.，2020）、有毒物质（Wang et al.，2021）和有机物（OM），并且这些污染物的降解会改变微生物群落的结构（Ma et al.，2022a；Zhao et al.，2022）。在猪粪堆肥中，通风处理已被证明可以减少大多数 ARGs（如 *tetW*、*tetO*、*tetH*、*qnrS*、*ermB* 和 *blaTEM*），但由于某些 ARGs 宿主细菌（如放线菌门、变形菌门、厚壁菌门和拟杆菌门）的数量增加，磺胺耐药基因（如 *sulI* 和 *sulII*）反而得到富集（Chang et al.，2020）。尽管通风策略可以影响堆肥中细菌群落的结构和功能（Ma et al.，2022b），但其对堆肥过程中耐药质粒宿主范围的影响还需进一步明确。

为此，开展了不同通气量的堆肥策略对堆肥过程中质粒介导的 ARGs 的水平转移机制的研究。堆肥原料由粪肥与玉米秸秆以 3.5∶1（w/w）的比例混合，并在台式圆柱形不锈钢堆肥反应器中进行。共建立 3 组实验组，分别为处理组 L、处理组 M 和处理组 H，每组通气量分别为 0.01 L/（min·L）、0.05 L/（min·L）和 0.1 L/（min·L）。对照组（CK）则在室温下培养且不进行通气堆肥。每个堆肥处理组包括 3 个重复，在第 0、3、8、14 和 27 d 从每个反应器收集堆肥样品。同时，对堆肥过程中堆肥指标（温度、含水率、pH 值、有机质和重金属）进行测量。

堆肥过程中温度的变化与微生物活动紧密相关，是评估堆肥效率的关键参数（Bustamante et al.，2008）。在本研究中，所有处理组的温度在第 1 d 均急剧上升至 55 ℃以上（图 2-29a）。具体而言，处理组 L 在第 4 d 达到温度峰值，而处理组 M 和处理组 H 则在第 1 d 即达到温度峰值，分别为 56.8 ℃、63.7 ℃和 58.6 ℃。处理组 M 的高温期（超过 55 ℃）持续了 11 d，处理组 L 和处理组 H 则持续了 9 d，均满足国家堆肥无害化卫生标准。相较于处理组 L 和 H，处理组 M 的高温期不仅持续时间最长，而且温度最高。相反，处理组 L 的高温期温度最低，且峰值出现在第 4 d，滞后于处理组 M 和 H。处理组 L 的高温期持续时间也比处理组 M 短，这可能是由于处理组 L 的通气率最低，好氧发酵过程中供氧不足，导致部分厌氧发酵，从而产生较低的热量。处理组 H 的高温期温度低于处理组 M，但略高于处理组 L，且持续时间也短于处理组 M。在降温阶段（温度从 55 ℃降至 40 ℃），处理组 H 的降温速度最快，这可能是由于其相对较高的通气量导致了显著的热损失。综合考虑高温期的温度和持续时间，处理组 M 的堆肥性能优于其他两种处理。

通气量的变化直接影响堆肥堆中氧气含量的变化。堆肥过程需要充足的氧气供应，只有当堆体中氧气含量超过 10% 时，该过程才被视为好氧过程（Cáceres et al.，2015；Petric et al.，2012）。通常，氧含量与通气量直接相关，通气速率越高，氧含量越高。如图 2-29b 所示，各处理组的氧含量随时间的变化趋势相似，且均能满足堆肥过程中微生物的需氧量。然而，由于处理组 L 的通气速率较低，其堆肥的氧含量低于其他两组。适宜的含水率（MC）不仅是堆肥成功的重要条件，也是影响堆肥成熟度的重要参数（Liang et al.，2003）。在间歇性通气的情况下，处理组 L、M 和 H 的含水率逐渐下降，且在高温期下降最快（图 2-29c）。处理组 L、M 和 H 的含水率分别下降了 7.9%、14.0% 和 14.8%，其中，处理组 L 的含水率下降幅度最小，这可能是由于其通气速率较低，导致水分挥发较慢。堆肥结束时，处理组 M 和 H 的含水率显著高于处理组 L（$P<0.01$），而处理组 M 和 H 之间的差异不显著（$P>0.05$）。总体而言，通气速率与堆肥的含水率呈负相关。在堆肥过程中，pH 值是影响气体排放以及微生物活性和组成的关键因素（Ma et al.，2022a）。3 个处理组的 pH 值在高温期开始（0～8 d）急剧升高。处理组 L 的 pH 值在第 8 d 明显下降，而处理组 M 和 H 则没有明显下降（图 2-29d）。堆肥材料的初始有机质（OM）含量为 34.47%。堆肥结束时，处理组 L、M 和 H 的有机质含量分别下降了 12.94%、21.58% 和 20.42%，且处理组 M 和 H 的有机质含量与处理组 L 相比差异显著（$P<0.01$）（图 2-29e）。随着堆肥的进行，处理组 L、M 和 H 的全氮（TN）在中温和高温期迅速下降（图 2-29f）。大量含氮有机物被迅速降解，并在通风后挥发到环境中形成氨，导致 TN 含量下降。然而，进入腐熟期后，3 个处理组的全氮均呈现相对稳定的趋势。堆肥结束时，处理组 L、M、H 的全氮含量分别为 2.39%、2.50%、2.53%，且差异显著（$P<0.05$）。堆肥结束时，处理组 L、M 和 H 的全钾（TK）含量分别为 4.18%、4.46% 和 4.51%，分别增加了 17.83%、25.54% 和 26.91%（图 2-29h）。与处理组 L 相比，处理组 M 和 H 更有利于钾的富集，但处理组 M 和 H 之间的差异不显著（$P>0.05$）。

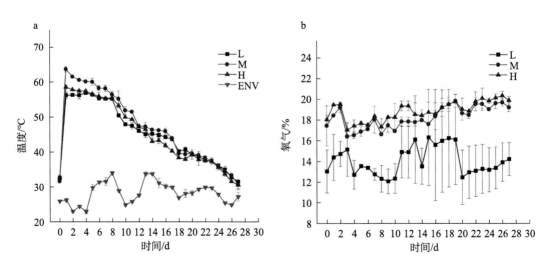

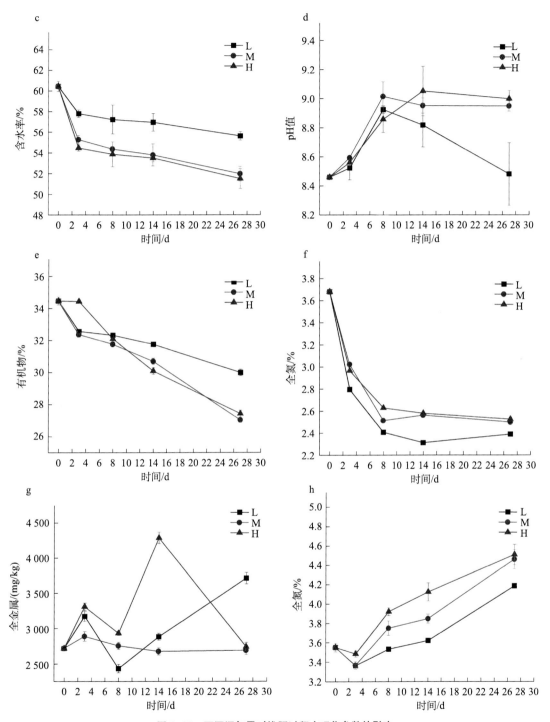

图 2-29　不同通气量对堆肥过程中理化参数的影响

使用荧光标记的携带广宿主耐药质粒 RP4 的 *P. putida* KT2442（RP4::*gfp*）作为供体菌，堆肥样品中提取的微生物为受体菌，建立外源 RP4 质粒在堆肥受体细菌群落间的接合转移体系。进行接合转移后的接合子进行流式细胞分选，并进行 16S rRNA 基因测序。经质量控制，共获得有效序列 2 139 779 条，其中，在 97% 聚类水平下产生了 1 831 个接合子 OTU（Operational Taxonomic Units）。然后使用 Chao 和 Shannon 指数来评估 α 多样性（图 2-30）。在处理组 L、M 和 H 中，RP4 质粒接合子的丰富度（Chao 指数）和多样性（Shannon 指数）均呈现先升高后降低的趋势。堆肥结束时，处理组 L 和 M 的 Chao 和 Shannon 指数均显著低于初始值（$P<0.05$），其中，处理组 M 的 Chao 指数最小；两处理组间 Shannon 指数差异无统计学意义（$P>0.05$）。处理组 H 的 Chao 和 Shannon 指数均高于初始值（$P<0.05$）。

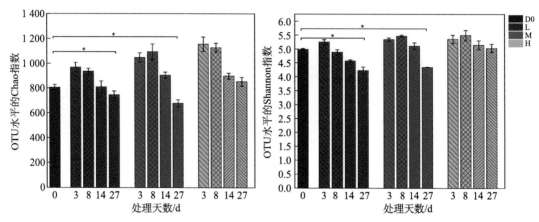

图 2-30　不同堆肥处理中接合子的 α 多样性指数

总体而言，处理组 M 在降低 RP4 质粒宿主群落丰富度和多样性方面表现出最大优势。基于 OTU 水平的 Bray-curtis 距离的主坐标分析显示（图 2-31），不同通气量下 RP4 质粒接合子的群落结构存在显著差异（$P=0.001$），表明不同通气量的堆肥工艺可以影响能够获得 RP4 质粒的宿主群落组成。

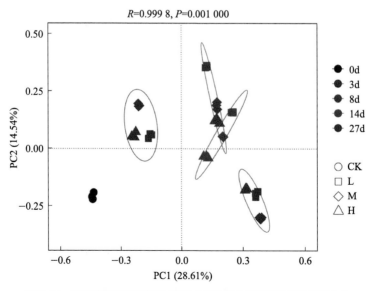

图 2-31　不同堆肥处理中基于 OTU 水平的接合子群落差异的总体分布

d 代表堆肥天数，处理组 L、M 和 H 分别代表曝气率为 0.01 L/min/L、0.05 L/min/L 和 0.1 L/min/L。

　　在所有接合子中，共鉴定出 1 831 个 OTUs，主要分布在 7 个门：拟杆菌门、变形菌门、厚壁菌门、放线菌门、奇球菌门、脱硫杆菌门和浮霉菌门（图 2-32）。堆肥初始物料的接合子群落组成中最主要的是拟杆菌门，其次是变形菌门、厚壁菌门、放线菌门、奇

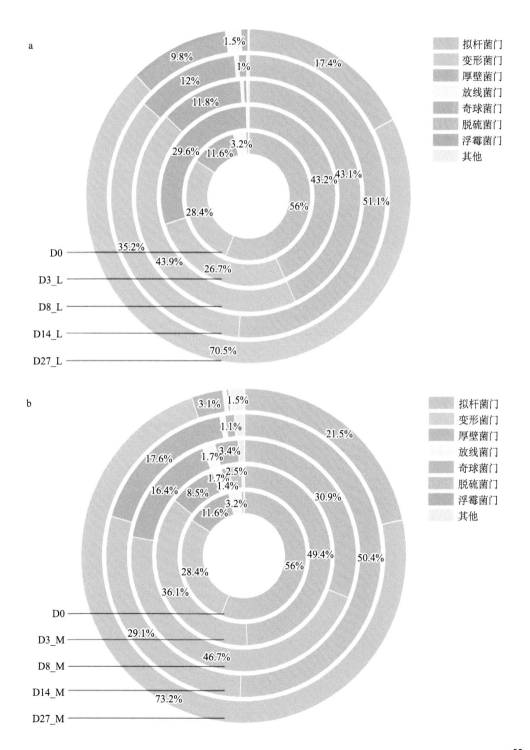

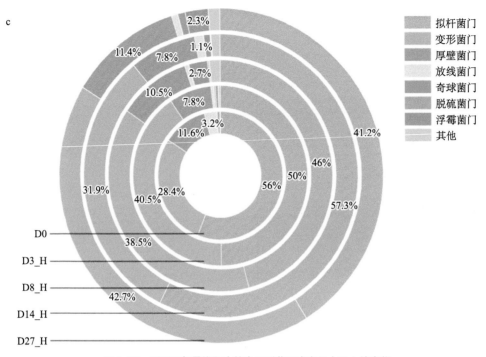

图 2-32 不同通气量堆肥中接合子群落组成在门水平上的变化

球菌门。高温期产生的高温抑制了拟杆菌门和放线菌门接合子的生长，导致其在高温期后（D8）的相对丰度下降，而变形菌门在处理组 L、M 和 H 中的相对丰度分别上升到43.9%、46.7% 和 38.5%，成为接合子群落的优势门。在降温期（D14），拟杆菌门的相对丰度回升，成为最优势门；而变形杆菌在这一阶段受到抑制。在堆肥结束时（D27），变形菌门在处理组 L、M 和 H 中成为最优势门类，相对丰度分别为 70.5%、73.2% 和42.7%。而有趣的是浮霉菌门在处理组 H 中被检测到，其相对丰度为 2.3%，但在处理组 L和 M 中未检测到。变形菌门经过堆肥后彻底去除，说明堆肥能够有效抑制变形菌门获得RP4 质粒。

不同堆肥时期样品中共有的接合子被认为是 RP4 质粒的核心宿主群落。处理组 L、M、H 接合子在整个堆肥过程中分别共有 31.7%、26.7%、29.8% 的菌属（图 2-33a），远小于未堆肥的 CK 组（43.7%）。表明堆肥可以有效降低 RP4 质粒宿主群落的多样性。在处理组 M 较少的共有属代表了更小的核心宿主范围，比其他两个处理组更具有优势。而独有的菌属代表 RP4 质粒可能的新宿主，因此，堆肥结束时独有属较少，可以证明堆肥能有效地降低 RP4 质粒向有机肥中新宿主的接合转移概率。其中，在堆肥第 3、8、27 d，处理组 M 的独有菌属比例低于处理组 L 和 H（图 2-33b）。堆肥结束时，处理组 M 仅有 7个独有菌属，远低于处理组 L 和 H 的 16 个和 13 个独有菌属，表明处理组 M 中接合子的多样性显著降低。因此，处理组 M 比处理组 L 和 H 的堆肥策略更有利于降低 RP4 质粒转

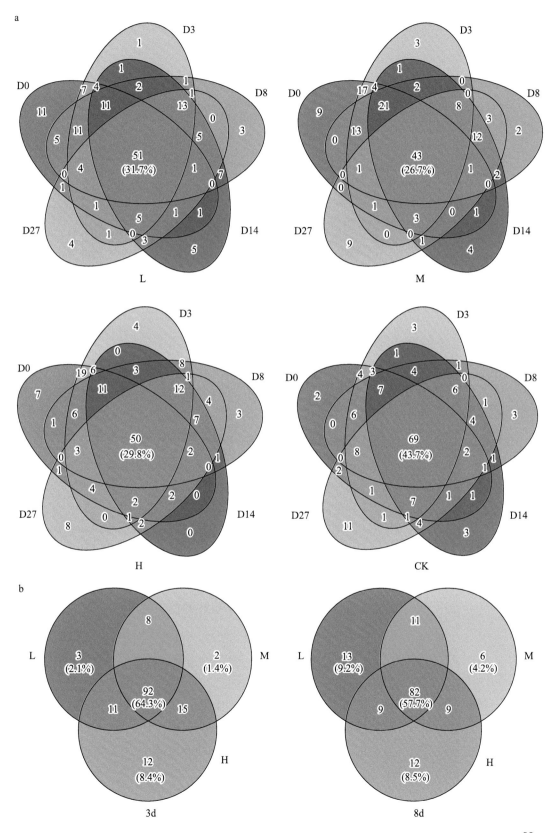

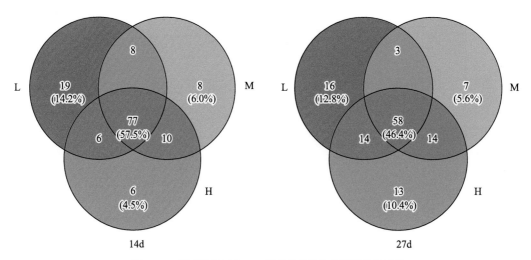

图 2-33　基于属水平的 RP4 质粒转移的接合子数量韦恩图

移的宿主多样性。

选取相对丰度前 50 的属进行热图分析，以便更好地在属水平上可视化接合子的群落组成（图 2-34）。在堆肥初始阶段（D0）RP4 质粒的宿主群落组成中相对丰度最高的是 *Sphingobacterium*（28.06%），其他相对丰度大于 5% 的属依次为 *norank_f_Sphingobacteriaceae*（18.85%）、*Paenalcaligenes*（6.02%）、*Jeotgalibaca*（5.55%）、*Alcaligenes*（5.21%）。经过高温期（第 8 d）后，处理组 L 的优势菌属为 *Moheibacter* 和 *Paenalcaligenes*，相对丰度分别从初始的 3.27% 和 6.02% 显著提高至 24.98% 和 23.10%；*Pusillimonas* 成为处理组 M 和 H 的最主要的属，由初始的 0.36% 分别显著提升至 24.18% 和 20.56%，且在处理组 L 中也占比较高（13.88%）。堆肥结束时，*Phyllobacterium*（37.69%）成为处理组 L 最优势的属，而 *Pusillimonas* 仍然为处理组 M 和 H 的优势属，相对丰度分别为 35.72% 和 21.82%。在堆肥的所有样本中，*Pusillimonas*、*norank_f_Sphingobacteriaceae*、*Sphingobacterium*、*Moheibacter*、*Gracilibacillus*、*Brumimicrobium*、*Phyllobacterium*（图 2-34，A 部分）是 RP4 质粒的核心宿主（相对丰度 >5%）。随着堆肥的进行，部分 RP4 质粒的宿主得到了有效的去除（图 2-34，B 部分），如 *Alcaligenes*、*Jeotgalibaca*、*Pelagibacterium*、*unclassified_f_Rhizobiaceae*、*norank_f_Bradymonadaceae*、*Oligella*、*Aerosphaera*、*Sporosarcina*、*Brachybacterium* 等，且处理组 M 去除的属要多于处理组 L 和 H。

利用接合子中相对丰度大于 0.01% 的 OTUs 序列构建系统发育树，变形菌门和拟杆菌门是最主要的两个门，共占所有已鉴定宿主细菌门的 70% 以上（图 2-35）。RP4 质粒可以转移到广泛的受体菌中，包括系统发育进化距离较远的类群，能够从革兰氏阴性供体菌株转移到厚壁菌门和放线菌门内的多种革兰氏阳性细菌。

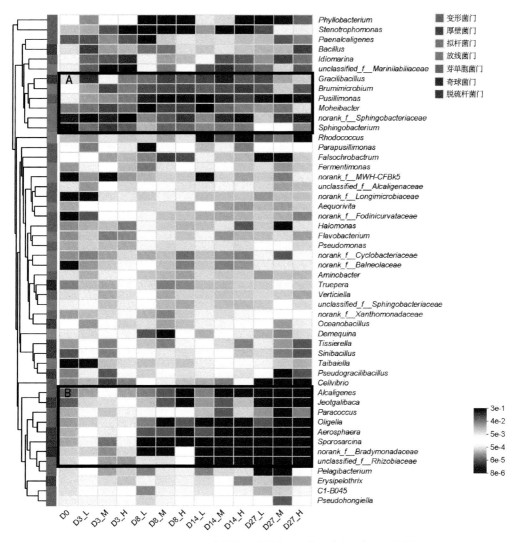

图 2-34　不同通气量堆肥中接合子群落组成在属水平上的变化

采用典范对应分析（canonical correspondence analusis，CCA）的方法解析了理化参数与不同通气量堆肥各阶段中 RP4 质粒宿主群落（基于 OTU 水平）的关系（图 2-36）。第一轴和第二轴共解释了 33.98% 的变化。在 CCA 中，环境变量用箭头表示，其长度表示变量与细菌群落之间相关性的强度。接合子群落组成的变化受氮（N）含量（R^2=0.955，P<0.01）、pH 值（R^2=0.938，P<0.01）、钾（K）含量（R^2=0.870，P<0.01）、温度（TEP）（R^2=0.820，P<0.01）、有机质（OM）含量（R^2=0.506，P<0.01）、含水量（MC）（R^2=0.208，P<0.05）的显著影响。在堆肥初始期（D0），RP4 质粒宿主群落与 N 含量呈显著正相关；在堆肥第 3 d，L、H、M 3 组处理的 RP4 质粒宿主群落与 OM、TEP 和 N 呈正相关，且与 OM 相关性最大；在堆肥的高温期（D8），受高温和含水率的影响，3 组处理样本中的接合子群落与温

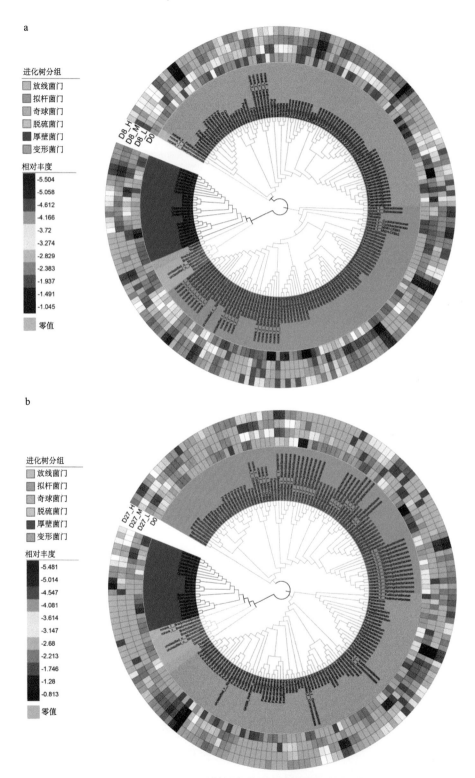

图 2-35 不同通气量堆肥中接合子在属水平的系统发育树

a：堆肥高温期的接合子；b：堆肥结束时的接合子。树枝的颜色表示不同的系统发育类群，
树外围的圆圈热图表示接合子 OTU 相对丰度的对数。

度（TEP）和含水量（MC）具有较强的相关性，且不同处理下的接合子群落存在显著差异，突出了通气量对接合子群落演替的重要影响；堆肥结束时（D27），L、H、M 3 组处理的接合子群落组成与钾（K）和 pH 值呈显著正相关。

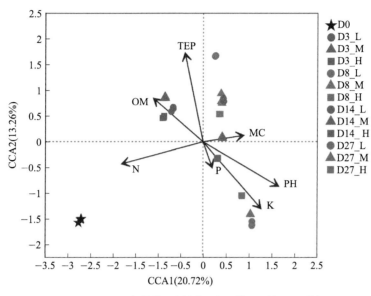

图 2-36　不同通气量堆肥中接合子与环境因子的 CCA 分析

TEP：温度；OM：有机质；MC：含水量；N：氮；K：钾。

进一步采用相关系数（$r > 0.8$，$P < 0.01$）构建网络，节点大小表示质粒宿主菌群的相对丰度，绿边表示正相关系数，粉色表示负相关系数（图 2-37）。网络分析揭示了堆肥理化因子对宿主属群落组成的显著影响。pH 值是对宿主影响最大的因子，有 58 个宿主与 pH 值相关（47 个负相关，11 个正相关）。K 含量次之，与 53 个属呈极显著相关（负相关 40 个，正相关 13 个）。温度对 50 个属（11 个负相关，39 个正相关）有显著影响，而氧浓度对 21 个属（7 个负相关，14 个正相关）有显著影响。选择总相对丰度前 10 个属进行 RP4 质粒宿主群落与堆肥理化参数的 Spearman 相关分析（图 2-38）。*Sphingobacterium*、*Paenalcaligenes*、*Moheibacter* 与温度、有机质含量呈显著正相关；*Pusillimonas* 和 *Phyllobacterium* 分别与有机质和温度呈负相关。*Sphingobacterium*、*norank_f_Sphingobacteriaceae*、*Paenalcaligenes* 和 *Idiomarina* 与氮含量呈显著正相关，而 *Pusillimonas* 和 *Gracilibacillus* 与氮含量显著负相关。*Gracilibacillus* 与含水量呈显著正相关，而 *Sphingobacterium*、*norank_f_Sphingobacteriaceae* 和 *Idiomarina* 与含水量呈显著负相关。此外，*Pusillimonas* 与 pH 值和 K 水平呈正相关，而 *Sphingobacterium*、*Paenalcaligenes* 和 *Moheibacter* 与 pH 值和钾含量呈极显著负相关。在总相对丰度前 10 位的接合子菌属中，温度、有机质、氮和 pH 值与半数以上的属存在显著相关性，说明 RP4

质粒宿主菌群主要受这些参数的影响。

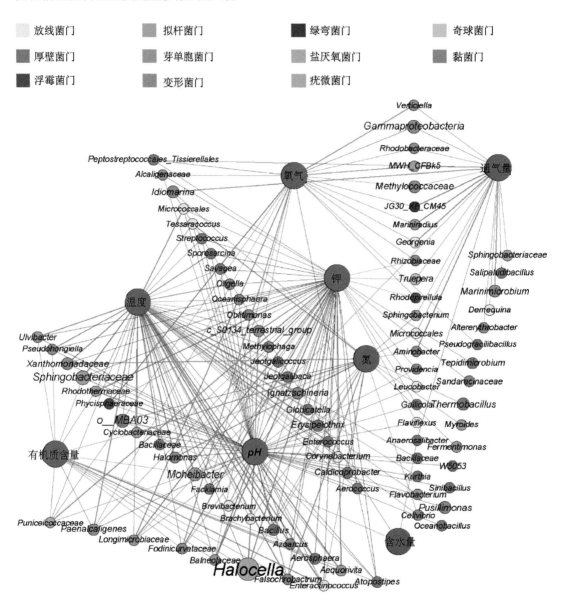

图 2-37 RP4 质粒宿主菌群与堆肥参数、理化指标的相关性网络分析

选取平均丰度＞0.1% 的属进行分析（图 2-39），探究堆肥过程中 RP4 质粒主要宿主菌属的动态变化。堆肥后优势宿主菌属的总百分比显著下降了 66.15%～76.62%，而对照组仅下降了 3.76%（图 2-39）。*c_Gammaproteobacteria*、*f_Sphingobacteriaceae*、*Moheibacter* 和 *f_Xanthomonadaceae* 等关键宿主菌群的丰度在堆肥后下降了 85%。在堆肥结束时（D27），处理组 M 的 RP4 宿主细菌比例最低。综上所述，堆肥能有效减少粪便中潜在 RP4 质粒宿主的数量，特别是在中等曝气量［0.05 L/（min·L）］条件下。

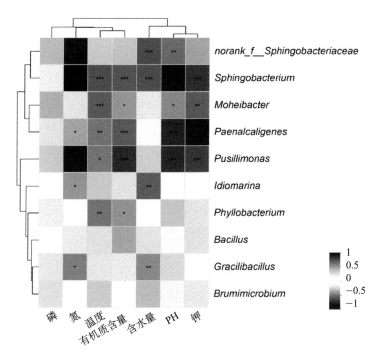

图 2-38　不同通气量堆肥中接合子与理化参数的相关热图

采用 PLS-PM 评估通气量、温度、氧浓度、其他环境因素（MC、P、N、K、OM 和 pH 值）和细菌多样性（Shannon 指数）对 RP4 质粒宿主丰度的影响（图 2-40）。该模型能够解释堆肥过程中 87.3% 耐药质粒宿主丰度的变化（图 2-40a）。对宿主菌群的标准化直接和间接影响进行分析（图 2-40b）。结果显示，RP4 质粒宿主的相对丰度总体上受到曝气率、氧浓度等环境因素的负影响；温度和细菌多样性对 RP4 质粒宿主丰度正向影响。虽然通气量和氧浓度都直接影响 RP4 质粒宿主的丰度，但其影响并不显著（图 2-40a）。曝气率和氧浓度的主要作用是通过间接影响环境因子和微生物多样性来实现的。曝气率的变化导致堆肥养分条件和细菌多样性的改变，从而间接地对 RP4 质粒宿主的相对丰度产生负面影响。温度对质粒宿主的丰度有显著的直接负影响（$\lambda = -0.462$，$P<0.05$），这与 RP4 质粒宿主在堆肥冷却阶段物种丰富度的反弹一致。

在过去的 20 年中，致病菌上质粒携带的 ARGs 显著增加，这在 ARGs 的水平转移中起着至关重要的作用（Castañeda-Barba et al.，2024；Che et al.，2021；Wang et al.，2023c）。畜禽养殖粪便也含有大量的接合转移耐抗生素质粒，可能会通过施用有机肥污染农田土壤和作物（Xu et al.，2021）。与 IncP 组相关的 RP4 接合转移质粒已显示出将 ARGs 传播给新细菌宿主的巨大潜力，能够跨越革兰氏阴性和革兰氏阳性细菌物种壁垒（Li et al.，2018；Musovic et al.，2014；Shen et al.，2022）。在堆肥过程中，高温期 RP4 受体细菌群落的多样性和丰富度显著降低（Shen et al.，2022）。高温阶段处理组 H 和 M

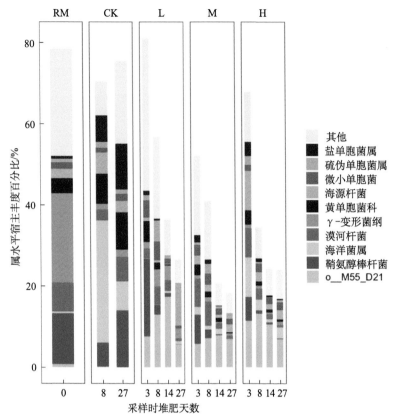

图 2-39 堆肥和对照样品细菌群落中潜在 RP4 质粒宿主丰度的变化
RM：Raw material 堆肥原料；CK：未堆肥样品。

的堆肥比处理组 L 的含有更少的细菌属（图 2-33）；与处理组 L 相比，处理组 H 和 M 中潜在 RP4 质粒宿主的总百分比也出现了更显著的下降（图 2-39）。表明曝气率通过改变堆肥中的温度、MC 和电导率来影响细菌群落的转移。高曝气率促进了嗜热期细菌群落的均匀性（Ge et al.，2020）。氧气供应也是影响堆肥过程中细菌群落的重要因素，因为曝气量可以增加堆肥过程中细菌的相互作用（Zhao et al.，2022）。

PLS-SM 分析表明，堆肥过程中环境因素对 RP4 质粒宿主菌的直接影响最大，其次是温度和细菌多样性。CCA 结果表明，堆肥过程中寄主群落的 β 多样性受到 pH 值、钾、氮和有机物质等多种环境因素的显著影响（图 2-40）。细菌属与环境因素的相关性分析进一步验证了这些发现（图 2-36）。温度、pH 值和钾含量均相对丰度前 50 个宿主属相关（$r >$ 0.6，$P < 0.01$），其中相对较多的宿主属（47 个）的丰度与 pH 值呈负相关。最近的研究表明，pH 值是不同土壤中细菌多样性和群落组成的主要决定因素（Ni et al.，2021；Wang et al.，2023a）。堆肥过程中，pH 值对细菌和真菌群落演替有显著影响（$P < 0.05$）；此外，堆肥中细菌群落的 β 多样性与 pH 值有关（Wang et al.，2020）。因此，堆肥过程中曝气量对 RP4 质粒宿主丰度的影响主要是通过环境因子的改变来实现。

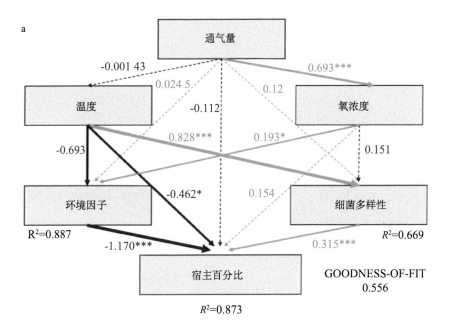

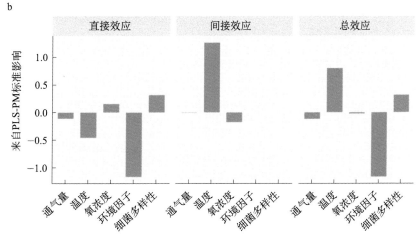

图 2-40　环境因素和细菌多样性对 RP4 质粒宿主丰度的影响

a：偏最小二乘路径模型（PLS–PM）解析堆肥中各参数对 RP4 质粒宿主丰度的影响；b：堆肥过程中各参数对耐药质粒宿主丰度
影响的总效应分布；其他环境因子指含水量、pH 值、有机质、全氮、全磷、全钾；箭头颜色表示正（绿色）和负（红色）关系；
连续箭头和虚线箭头分别表示显著和不显著关系（***$P < 0.001$，**$P < 0.01$，*$P < 0.05$）。
箭头旁边的数字表示路径系数；箭头的宽度与路径系数的强度成正比。

　　总体而言，与处理组 L 和 H 相比，处理组 M 曝气处理［0.05 L/（min·L）］具有较高
的最高温度和较长的嗜热相持续时间，促进了有机物的降解。在堆肥过程中，RP4 质粒被
转移到广泛的宿主细菌中，甚至从革兰氏阴性细菌转移到革兰氏阳性细菌。与处理组 L 和
H 相比，处理组 M 曝气处理显著降低了 RP4 质粒寄主群落的多样性和丰富度。堆肥后原
料中显性转联菌相关属的总丰度显著降低，其中，处理组 M 的 RP4 宿主细菌群落比例最

低。因此，采用最佳曝气率（处理组 M）可以有效限制多重耐药质粒的转移，从而降低质粒介导 ARG 传播的风险。PLS-SM 分析表明，堆肥过程中曝气速率对寄主丰度的影响主要是通过改变环境因子来实现的。这些发现为减轻粪便堆肥过程中 ARGs 的水平转移和抑制其从动物到农田的传播提供了一种可行的策略，未来的研究应重点关注来自农田的多药耐药质粒在堆肥和有机肥利用过程中的接合转移转移特性。

2.3 厌氧消化过程中抗生素耐药基因的变化

用于厌氧消化的有机原料如畜禽粪便等通常具有抗生素残留和 ARGs 污染。因此，了解它们在厌氧消化过程中的命运已成为最近的一个重要研究热点（Haffiez et al.，2022）。厌氧消化过程中的 ARGs 可分为两类：细胞内 ARGs（Intracellular ARGs，iARGs）和细胞外 ARGs（Extracellular ARGs，eARGs）。iARGs 可通过细胞间接触促进抗生素耐药菌的传播，而 eARGs 可通过自然转化被活性菌吸收，从而导致 ARGs 丰度升高，最终引起新的 ARGs 累积问题（Dong et al.，2019）。研究还发现，eARGs 具有较长的持久性和较低的衰减率（Syafiuddin and Boopathy，2021），这表明 eARGs 的潜在风险更不可忽视。

细菌是 ARGs 的主要载体，ARGs 变化的内在机制与携带它的细菌宿主的变化有关。因此，对 ARGs 潜在宿主的控制有助于 ARGs 的去除（Zhang et al.，2022b）。ARGs 的消长主要与细菌群落组成与结构的改变有关。厌氧消化系统内有机物的含量会随着总固体含量的增加而增加，为微生物的生长发育提供营养物质。此时，一些非 ARGs 的宿主菌和产甲烷菌会大量繁殖，与 ARGs 的宿主菌形成竞争关系，导致其可利用的有机物减少，使其生长繁殖受到限制，最终使 ARGs 的丰度降低（钟为章 等，2023）。如在牛粪厌氧消化系统内，厚壁菌门和变形菌门是 ARGs 主要潜在宿主，其丰度随着总固体含量的增加而显著降低，因此相应 ARGs 的丰度也随之降低（Sun et al.，2019）。但也有研究表明，在处理氮含量高的有机物时，过高的总固体含量会导致系统发生氨抑制或酸化影响反应进程（徐颂 等，2010）。因此，研究总固体含量对 ARGs 消长影响的同时还应考虑底物的类型，从而选择适宜的总固体含量以达到对 eARGs 更好的去除效果（钟为章 等，2023）。

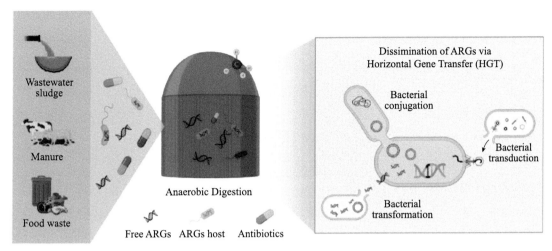

图 2-41　厌氧消化中抗生素耐药基因的水平转移方式
（资料来源：Haffiez et al.，2022）

有机废物厌氧消化期间 ARGs 的减少还可能与 Ⅰ 类整合酶基因（Class 1 Integrons，*intI1*）的减少有关（Burch et al.，2013）。整合酶是一类可以在不同细菌之间转移基因的酶，特别是转移与抗生素耐药性相关的基因。*intI1* 是这些基因转移过程中的关键组分，它们通过捕获和整合含有 ARGs 的转座子或质粒，促进了抗生素耐药性的传播（Gillings et al.，2015）。此外，在研究牛粪厌氧消化过程中 ARGs 的变化情况时发现，添加氧化锌纳米粒子（ZnONPs，5 mg/g）可以使 ARGs 总丰度下降 6.6%，而 eARGs 多样性不发生改变，这表明 ZnONPs 可以通过降低 ARGs 的丰度来减少其风险（Pang et al.，2022）。此外，该研究还发现 ZnONPs 可以通过使抗生素失活和抗生素靶向位置改变等机制来影响抗生素耐药性，并降低其潜在宿主（如瘤胃梭状芽孢杆菌属、瘤球菌属和类芽孢杆菌属）的丰度（Pang et al.，2022）。然而，在研究污泥厌氧消化过程中微塑料纤维对 eARGs 的潜在影响时发现，eARGs 的绝对丰度和相对丰度均随着微塑料纤维暴露浓度的增加而增加（Zhang et al.，2022a）。其中，添加 170 个 /g 的微塑料纤维的厌氧消化反应器中的 eARGs 的平均绝对和相对丰度分别是不添加微塑料纤维厌氧消化反应器中的 1.70 倍和 2.15 倍。其次，宏基因组学的结果也进一步证实了微塑料纤维暴露后厌氧消化过程中 eARGs 丰度的增加，且 eARGs 潜在宿主的数量也随着微塑料纤维暴露浓度的增加而增加。进一步探索该过程的内在机制发现，Ⅳ 型分泌系统的基因在微塑料纤维暴露后显著上调，表明 eARGs 的主动释放过程随着微塑料纤维的暴露而增强（Zhang et al.，2022a）。此外，微塑料暴露可能导致细胞裂解，也可能改变微生物的代谢途径和群落结构，从而可能影响 eARGs 的被动释放过程（Seeley et al.，2020）。

厌氧消化过程中的温度变化也会影响抗生素的去除效率和 ARGs 的丰度与种类。例如，金霉素的去除率随着温度升高而增加，在 38 ℃和 55 ℃下的去除率分别约 8% 和 98%

（Varel et al.，2012）。奶牛粪便中的抗生素耐药菌株数量在中温消化后减少了 90%，在高温消化后减少了 100%（Beneragama et al.，2013）；发酵猪粪中含有的多重耐药葡萄球菌和沙门氏菌在经过 3 d 的高温处理后均检测不到（Wang et al.，2023b）。这些研究表明，中温和高温厌氧消化可以有效降低抗生素耐药菌数量，从而减少 ARGs 的含量。两段式厌氧消化过程的高温阶段显著降低了 *tetX*、*tetA* 和 *tetO* 等 eARGs 的相对丰度，中温阶段显著降低了 *sulI*、*tetA*、*tetO* 和 *tetX* 等基因的浓度（Ghosh et al.，2009）。也有研究发现，两段式厌氧消化过程的产酸阶段可以有效减少 ARGs 的相对丰度，但随后的产甲烷阶段却会导致 ARGs 相对丰度的反弹（Wu et al.，2016）。此外，一段式厌氧消化过程在去除 *sulI*、*sulII*、*tetA*、*tetW* 和 *tetX* 等基因的效率优于两段式模式（Xu et al.，2018）。这是因为一段式的高温厌氧消化过程使 ARGs 更长时间地暴露于高温条件，从而导致其降解的更快（Shin et al.，2020）。有研究表明，*tetW*、*tetX* 和 *intI1* 的绝对丰度在 40 ℃时的去除效率为 89%～96%，而在 56 ℃、60 ℃ 和 63 ℃时的去除效率接近 99%（Burch et al.，2016）。此外，在高温厌氧消化过程中，经铁盐和铝盐预处理后的总 ARGs 去除率较低，分别为 20%～52% 和 44%～50%。然而，喹诺酮类 ARGs 丰度的消除率达到 90% 以上，而万古霉素 ARGs 的丰度却显著富集了 73%～145%（Zou et al.，2020）。虽然底物浓度、水分停留时间和 pH 值等环境条件均会通过改变微生物群落组成来影响 ARGs 的含量（Luo et al.，2017），但由于高温厌氧消化过程中抗生素耐药细菌的死亡率更高。因此，高温厌氧消化过程中 ARGs 去除率也会显著高于中温厌氧消化过程（Miller et al.，2016）。

参考文献

邓雯文，2019. 鸡粪堆肥中细菌群落变化规律及与重金属、抗生素和养分的相关性研究 [D]. 雅安：四川农业大学.

韩娜娜，刘万建，耿伟光，等，2013. 锦鲤摩氏摩根氏菌的分离鉴定与药敏性研究 [J]. 中国预防兽医学报，35: 729-732.

姜欣然，李涛，孙兴滨，等，2022. 鸡粪模拟堆肥中多重耐药菌、耐药基因和整合酶基因的消减动力学解析 [J]. 环境科学研究，35: 1045-1055.

李莹，申磊，高浩泽，等，2024. 规模化畜禽养殖粪便中接合型耐药质粒污染及耐药基因赋存特征 [J/OL]. 环境科学，https://doi.org/10.13227/j.hjkx.202401259

芮萍，田瑞，刘玄福，等，2017. 致仔猪腹泻的雷氏普罗威登斯菌的分离鉴定 [J]. 中国兽医学报，37: 1910-1912，1932.

徐颂，吴铎，吕凡，等，2010. 含固率和接种比对林可霉素菌渣厌氧消化的影响 [J]. 中国环境科学，30: 362-368.

钟为章，李月，牛建瑞，等，2023. 厌氧消化中抗生素抗性基因消长的研究进展 [J]. 应用化工，52: 917-921，928.

Beneragama N, Iwasaki M, Lateef S A, et al., 2013. Survival of multidrug-resistant bacteria in thermophilic and mesophilic anaerobic co-digestion of dairy manure and waste milk[J]. Animal Science Journal, 84: 426-433.

Burch T R, Sadowsky M J, LaPara T M, 2013. Air-drying beds reduce the quantities of antibiotic resistance genes and class 1 integrons in residual municipal wastewater solids[J]. Environmental Science & Technology, 47: 9965-9971.

Burch T R, Sadowsky M J, LaPara T M, 2016. Modeling the fate of antibiotic resistance genes and class 1 integrons during thermophilic anaerobic digestion of municipal wastewater solids[J]. Applied Microbiology and Biotechnology, 100: 1437-1444.

Bustamante M, Paredes C, Marhuenda-Egea F, et al., 2018. Co-composting of distillery wastes with animal manures: Carbon and nitrogen transformations in the evaluation of compost stability[J]. Chemosphere, 72: 551-557.

Cáceres R, Coromina N, Maliń ska K, et al., 2015. Evolution of process control parameters during extended co-composting of green waste and solid fraction of cattle slurry to obtain growing media[J]. Bioresource Technology, 179: 398-406.

Castañeda-Barba S, Top E M, Stalder T, 2024. Plasmids, a molecular cornerstone of antimicrobial resistance in the One Health era[J]. Nature Reviews Microbiology, 22: 18-32.

Chang J, Jiang T, Zhao M, et al., 2020. Variation pattern of antibiotic resistance genes and microbial community succession during swine manure composting under different aeration strategies[J]. Journal of Chemical Technology & Biotechnology, 95: 466-473.

Che Y, Yang Y, Xu X, et al., 2021. Conjugative plasmids interact with insertion sequences to shape the horizontal transfer of antimicrobial resistance genes[J]. Proceedings of the National Academy of Sciences of USA, 118: e2008731118.

DiFranza L T, Annavajhala M K, Uhlemann A C, et al., 2021. The Brief Case : A maggot mystery - *Ignatzschineria larvae* sepsis secondary to an infested wound[J]. Journal of Clinical Microbiology, 59: e02279-20.

Dong P, Wang H, Fang T, et al., 2019. Assessment of extracellular antibiotic resistance genes (eARGs) in typical environmental samples and the transforming ability of eARG[J]. Environment International, 125: 90-96.

Ezzariai A, Hafidi M, Khadra A, et al., 2018. Human and veterinary antibiotics during composting of sludge or manure: Global perspectives on persistence, degradation, and resistance genes[J]. Journal of Hazardous Materials, 359: 465-481.

Frost L S, Koraimann G, 2010. Regulation of bacterial conjugation: balancing opportunity with adversity[J]. Future Microbiol, 5: 1057-1071.

Ge M, Zhou H, Shen Y, et al., 2020. Effect of aeration rates on enzymatic activity and bacterial community succession during cattle manure composting[J]. Bioresource Technology, 304: 122928.

Ghosh S, Ramsden S J, LaPara T M, 2009. The role of anaerobic digestion in controlling the release of tetracycline resistance genes and class 1 integrons from municipal wastewater treatment plants[J]. Applied Microbiology and Biotechnology, 84: 791-796.

Gillings M R, Gaze W H, Pruden A, et al., 2015. Using the class 1 integron-integrase gene as a proxy for anthropogenic pollution[J]. The ISME Journal, 9: 1269-1279.

Haffiez N, Chung T H, Zakaria B S, et al., 2022. A critical review of process parameters influencing the fate of antibiotic resistance genes in the anaerobic digestion of organic waste[J]. Bioresource Technology, 354: 1-14.

Jutkina J, Marathe N, Flach C F, et al., 2018. Antibiotics and common antibacterial biocides stimulate horizontal transfer of resistance at low concentrations[J]. Science of the total Environment, 616: 172-178.

Le Devendec L, Mourand G, Bougeard S, et al., 2016. Impact of colistin sulfate treatment of broilers on the presence of resistant bacteria and resistance genes in stored or composted manure[J]. Veterinary Microbiology, 194: 98-106.

Li L, Dechesne A, He Z, et al., 2018. Estimating the transfer range of plasmids encoding antimicrobial resistance in a wastewater treatment plant microbial community[J]. Environmental Science & Technology Letters, 5: 260-265.

Li L, Liao X P, Liu Z Z, et al., 2014. Co-spread of oqxAB and bla CTX-M-9G in non-Typhi Salmonella enterica isolates mediated by ST2-IncHI2 plasmids[J]. International Journal of Antimicrobial Agents, 44: 263-268.

Liang C, Das K, McClendon R, 2003. The influence of temperature and moisture contents regimes on the aerobic microbial activity of a biosolids composting blend[J]. Bioresource Technology, 86: 131-137.

Liang J, Jin Y, Wen X, et al., 2020. Adding a complex microbial agent twice to the composting of laying-hen manure promoted doxycycline degradation with a low risk on spreading tetracycline resistance genes[J]. Environmental Pollution, 265: 114202.

Liao H, Friman V P, Geisen S, et al., 2019. Horizontal gene transfer and shifts in linked bacterial community composition are associated with maintenance of antibiotic resistance genes during food waste composting[J]. Science of the total Environment, 660: 841-850.

Lin H, Sun W, Jin D, et al., 2021. Effect of composting on the conjugative transmission of sulfonamide resistance and sulfonamide-resistant bacterial population[J]. Journal of Cleaner Production, 285: 125483.

Liu Y Y, Wang Y, Walsh T R, et al., 2016. Emergence of plasmid-mediated colistin resistance mechanism MCR-1 in animals and human beings in China: a microbiological and molecular biological study[J]. The Lancet Infectious Diseases, 16: 161-168.

Luo G, Li B, Li L G, et al., 2017. Antibiotic resistance genes and correlations with microbial community and metal resistance genes in full-scale biogas reactors as revealed by metagenomic analysis[J]. Environmental Science & Technology, 51: 4069-4080.

Ma Q, Li Y, Xue J, et al., 2022a. Effects of turning frequency on ammonia emission during the composting of chicken manure and soybean straw[J]. Molecules, 27: 472.

Ma T, Zhan Y, Chen W, et al., 2022b. Impact of aeration rate on phosphorus conversion and bacterial community dynamics in phosphorus-enriched composting[J]. Bioresource Technology, 364: 128016.

Miller J H, Novak J T, Knocke W R, et al., 2016. Survival of antibiotic resistant bacteria and horizontal gene transfer control antibiotic resistance gene content in anaerobic digesters[J]. Frontiers in Microbiology, 7: 263-274.

Musovic S, Klümper U, Dechesne A, et al., 2014. Long - term manure exposure increases soil bacterial community potential for plasmid uptake[J]. Environmental Microbiology Reports, 6: 125-130.

Ni Y, Yang T, Ma Y, et al., 2021. Soil pH determines bacterial distribution and assembly processes in natural mountain forests of eastern China[J]. Global Ecology and Biogeography, 30: 2164-2177.

Pang L, Xu K, Qi L, et al., 2022. Response behavior of antibiotic resistance genes to zinc oxide nanoparticles in cattle manure thermophilic anaerobic digestion process: A metagenomic analysis[J]. Bioresource Technology, 347: 1-9.

Petric I, Helić A, Avdić E A, 2012. Evolution of process parameters and determination of kinetics for co-composting of organic fraction of municipal solid waste with poultry manure[J]. Bioresource Technology, 117: 107-116.

Povolo V R, Ackermann M, 2019. Disseminating antibiotic resistance during treatment[J]. Science, 364: 737-738.

Qi Z, Shi S, Tu J, et al., 2019. Comparative metagenomic sequencing analysis of cecum microbiotal diversity and function in broilers and layers[J]. 3 BIOTECH, 9: 1-10.

Qian X, Sun W, Gu J, et al., 2016. Variable effects of oxytetracycline on antibiotic resistance gene abundance and the bacterial community during aerobic composting of cow manure[J]. Journal of Hazardous Materials, 315: 61-69.

Qiu T, Huo L, Guo Y, et al., 2012. Metagenomic assembly reveals hosts and mobility of common antibiotic resistome in animal manure and commercial compost[J]. Environmental microbiome, 17: 42.

Qiu T, Wu D, Zhang L, et al., 2021. A comparison of antibiotics, antibiotic resistance genes, and bacterial community in broiler and layer manure following composting[J]. Environmental Science and Pollution Research, 28: 14707-14719.

Ray P, Chen C, Knowlton K F, et al., 2017. Fate and effect of antibiotics in beef and dairy manure during static and turned composting[J]. Journal of Environmental Quality, 46: 45-54.

Sardar M F, Zhu C, Geng B, et al., 2021. Enhanced control of sulfonamide resistance genes and host bacteria during thermophilic aerobic composting of cow manure[J]. Environmental Pollution, 275: 116587.

Seeley M E, Song B, Passie R, et al., 2020. Microplastics affect sedimentary microbial communities and nitrogen cycling[J]. Nature Communications, 11: 2372-2381.

Shen L, Qiu T, Guo Y, et al., 2022. Enhancing control of multidrug-resistant plasmid and its host community with a prolonged thermophilic phase during composting[J]. Frontiers in Microbiology, 13: 989085.

Shin J, Rhee C, Shin J, et al., 2020. Determining the composition of bacterial community and relative abundance of specific antibiotics resistance genes via thermophilic anaerobic digestion of sewage sludge[J]. Bioresource Technology, 311: 1-14.

Smillie C, Garcillan-Barcia M P, Francia M V, et al., 2010. Mobility of plasmids[J]. Microbiology and Molecular Biology Reviews, 74: 434-452.

Song T, Li H, Li B, et al., 2021. Distribution of antibiotic-resistant bacteria in aerobic composting of swine manure with different antibiotics[J]. Environmental Sciences Europe, 33: 91.

Sun W, Gu J, Wang X, et al., 2019. Solid-state anaerobic digestion facilitates the removal of antibiotic resistance genes and mobile genetic elements from cattle manure[J]. Bioresource Technology, 274: 287-295.

Syafiuddin A, Boopathy R, 2021. Role of anaerobic sludge digestion in handling antibiotic resistant bacteria and antibiotic resistance genes - A review[J]. Bioresource Technology, 330: 1-9.

Udikovic-Kolic N, Wichmann F, Broderick N A, et al., 2014. Bloom of resident antibiotic-resistant bacteria in soil following manure fertilization[J]. Proceedings of the National Academy of Sciences of USA, 111: 15202-15207.

Varel V H, Wells J E, Shelver W L, et al., 2012. Effect of anaerobic digestion temperature on odour, coliforms and chlortetracycline in swine manure or monensin in cattle manure[J]. Journal of Applied Microbiology, 112: 705-715.

Wang C, Yu Q Y, Ji N N, et al., 2023a. Bacterial genome size and gene functional diversity negatively correlate with taxonomic diversity along a pH gradient[J]. Nature Communications, 14: 7437.

Wang J, Xu S, Zhao K, et al., 2023b. Risk control of antibiotics, antibiotic resistance genes (ARGs) and antibiotic resistant bacteria (ARB) during sewage sludge treatment and disposal: A review[J]. Science of the total Environment, 877: 1-23.

Wang X, Zhang H, Long X, et al., 2023c. Global increase of Antibiotic Resistance genes in conjugative plasmids[J]. Microbiology Spectrum, 11: e04478-04422.

Wang Y, Gong J, Li J, et al., 2020. Insights into bacterial diversity in compost: Core microbiome and prevalence of potential pathogenic bacteria[J]. Science of the total Environment, 718: 137304.

Wang Y, Tang Y, Li M, et al., 2021. Aeration rate improves the compost quality of food waste and promotes the decomposition of toxic materials in leachate by changing the bacterial community[J]. Bioresource Technology, 340: 125716.

Xu H, Chen Z, Huang R, et al., 2021. Antibiotic resistance gene-carrying plasmid spreads into the plant endophytic bacteria using soil bacteria as carriers[J]. Environmental Science & Technology, 55: 10462-10470.

Xu R, Yang Z H, Wang Q P, et al., 2018. Rapid startup of thermophilic anaerobic digester to remove tetracycline and sulfonamides resistance genes from sewage sludge[J]. Science of the total Environment, 612: 788-798.

Yoshizawa N, Usui M, Fukuda A, et al., 2020. Manure compost is a potential source of tetracycline-resistant Escherichia coli and tetracycline resistance genes in Japanese farms[J]. Antibiotics, 9: 76.

Zhang L, Sun J, Zhang Z, et al., 2022a. Polyethylene terephthalate microplastic fibers increase the release of extracellular antibiotic resistance genes during sewage sludge anaerobic digestion[J]. Water Research, 217: 1-12.

Zhang Z, Li X, Liu H, et al., 2022a. Advancements in detection and removal of antibiotic resistance genes in sludge digestion: A state-of-art review[J]. Bioresource Technology, 344: 1-12.

Zhao Y, Lou Y, Qin W, et al., 2022. Interval aeration improves degradation and humification by enhancing microbial interactions in the composting process[J]. Bioresource Technology, 358: 127296.

Zhou Z, Song Z, Gu J, et al., 2022. Dynamics and key drivers of antibiotic resistance genes during aerobic composting amended with plant-derived and animal manure-derived biochars[J]. Bioresource Technology, 355: 127236.

Zou Y, Tu W, Wang H, et al., 2020. Anaerobic digestion reduces extracellular antibiotic resistance genes in waste activated sludge: The effects of temperature and degradation mechanisms[J]. Environment International, 143: 1-9.

第 3 章　养殖场与堆肥场空气中的抗生素耐药菌与耐药基因

<table>
<tr><td>3.1</td><td>养殖场空气微生物的抗生素耐药性分布特征</td></tr>
</table>

3.1.1　畜禽养殖场空气中可培养抗生素耐药菌污染特点研究

近年来，作为促生长和预防疾病的抗生素在现代集约化畜禽养殖过程中大量使用，导致动物体内和环境中抗生素耐药菌的产生，可能直接威胁人类健康（Allen et al.，2010）。目前，国内外学者已经对养殖场空气中的抗生素耐药菌展开研究（姚美玲 等，2007；高敏 等；2015a；Brooks et al.，2010），但缺乏对不同养殖动物间耐药菌污染现状的对比，特别是对抗生素耐药菌的粒径分布及动力学粒径特点的研究仍属空白。为此，采集了北京地区 22 家规模化养殖场（蛋鸡、肉鸡、猪和牛场）的空气样品，分析了细菌和抗生素耐药菌的浓度及粒径特征，以期为评价畜禽养殖场对空气污染和人类健康的影响提供依据。

（1）畜禽养殖场生物气溶胶浓度

①畜禽养殖场舍内外细菌气溶胶浓度

首先，对畜禽养殖场舍内外空气环境中的细菌进行培养和计数，结果如图 3-1 所示。

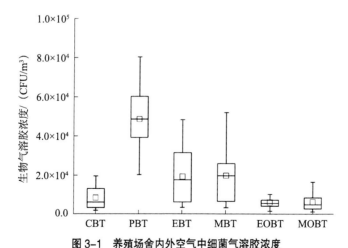

图 3-1　养殖场舍内外空气中细菌气溶胶浓度

CBT、PBT、EBT、MBT、EOBT 和 MOBT 分别代表牛舍内、猪舍内、蛋鸡舍内、肉鸡舍内、蛋鸡舍外和肉鸡舍外。

对 4 种动物舍内空气中细菌污染调查结果显示，最高浓度和最低浓度的空气细菌在猪舍和牛舍内检测到，浓度分别为 4.87×10^4 CFU/m³ 和 0.85×10^4 CFU/m³。蛋鸡舍内细菌的平均浓度略低于肉鸡，两种鸡舍外细菌气溶胶浓度较相应舍内浓度低一个数量级（$P<0.05$）。值得注意的是，所调查 4 家猪场舍内空气中细菌浓度范围为 $2.03\times10^{4}\sim$ 8.06×10^{4} CFU/m³，均高于我国《畜禽场环境质量标准》（NY/T 388—1999）中关于猪舍区生态环境质量的空气细菌限定值（1.7×10^{4} CFU/m³），与李基棕等（2010）对贵州地区猪舍内细菌气溶胶调查的浓度范围相似，略低于山东省夏秋两季猪舍内浓度（袁文 等，2010）。牛舍内空气中细菌气溶胶的最大浓度为 1.96×10^{4} CFU/m³，低于先前对牛舍内需氧菌的研究结果（段会勇 等，2013）。本研究对蛋鸡和肉鸡舍内细菌的平均浓度的研究结果与国外研究相一致（Just et al.，2012）。

目前，国内外对不同种类动物养殖过程中逸散生物气溶胶的比较研究少有报道（姚美玲 等，2007；Radon et al.，2001）。动物舍内生物气溶胶的浓度受到多种因素的影响，如动物类型和数量、养殖方式、粪便处理方式和养殖模式等（高敏 等，2015b）。本研究分析了细菌气溶胶的浓度与日龄、面积、数量、密度、颗粒物浓度以及温度和湿度（表 3-1）相关性。结果显示，4 种养殖动物舍内细菌气溶胶的浓度整体上与颗粒物浓度 PM10（$P<$ 0.01）和 TSP（$P<0.01$）显著正相关。造成牛场内细菌气溶胶浓度较低的原因可能主要有两方面：一方面，牛场内牛的养殖密度较低；另一方面，与猪和鸡舍采用的封闭式饲养不同，牛舍采用开放式养殖方式。因此，牛舍生物气溶胶的浓度受环境影响较大（Hristov et al.，2011）。牛舍内产生的生物气溶胶可以通过气体传播到周边环境，导致舍内浓度较低。

②畜禽养殖场舍内外四环素耐药菌气溶胶浓度及丰度

在本研究所调查的 4 种养殖动物舍内，以及蛋鸡和肉鸡舍外空气中均检测出四环素耐药菌（图 3-2）。

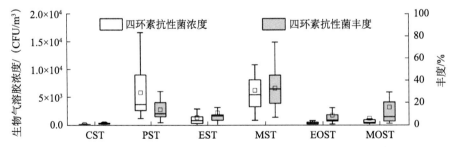

图 3-2　养殖场舍内外四环素耐药菌气溶胶的浓度及其占总细菌浓度的丰度

CST、PST、EST、MST、EOST 和 MOST 分别代表牛舍内、猪舍内、蛋鸡舍内、肉鸡舍内、蛋鸡舍外和肉鸡舍外。

整体上，猪舍和肉鸡舍内四环素耐药菌的浓度（6.98×10^{3} CFU/m³ 和 6.21×10^{3} CFU/m³）高于牛舍和蛋鸡舍内（$P<0.01$）。目前，为了促进动物生长和预防疾病，抗生素在养殖业使用越发频繁，其中，猪场和肉鸡场使用尤为严重，导致了 4 种动物舍内空气中均有四环素耐药菌检出，而猪舍和肉鸡舍内浓度和比率均较高。其中，肉鸡舍内空气中四环素耐药菌占总细菌气溶胶的平均值高达 38.69%，远远高于蛋鸡舍内空气中四环素耐药菌的平均

表 3-1　畜禽养殖场舍内外生物气溶胶采样信息

养殖场	代码	日龄/d	面积/m²	数量/只	舍内PM2.5/(μg/m³)	舍内PM10/(μg/m³)	舍内TSP/(μg/m³)	舍内温度/℃	舍内湿度/%	舍外PM2.5/(μg/m³)	舍外PM10/(μg/m³)	舍外TSP/(μg/m³)	舍外温度/℃	舍外湿度/%
蛋鸡	E1	135	450	3 800	8.5	130.5	239.8	31	38	5.5	67.6	130.8	35.0	27.0
	E2	371	1260	10 000	6.4	81.1	225.4	25	61	4.7	33.8	62.3	26.0	59.3
	E3	300	700	10 000	8.6	119.0	237.8	28	51	8.8	62.0	113.8	28.0	48.0
	E4	480	840	9 000	8.1	108.6	204.2	32	58	3.3	71.3	71.3	32.0	27.0
	E5	190	790	9 000	10.4	82.7	155.7	25	57	9.0	35.9	51.4	26.0	56.0
	E6	400	790	9 000	12.2	72.8	118.7	25	59	9.0	35.9	51.4	26.0	56.0
肉鸡	M1	9	600	15 300	5.0	48.4	98.2	31	45	2.4	24.7	49.0	36.7	27.0
	M2	6	140	8 000	33.4	392.4	812.8	32	56	25.0	79.9	108.7	32.0	27.0
	M3	9	1 000	18 000	19.5	154.1	252.3	34	44	18.9	132.5	181.3	37.0	35.0
	M4	34	1 100	8 500	2.5	60.5	173.1	28	45	1.8	18.2	42.4	31.3	40.3
	M5	34	1 100	8 500	4.9	218.5	610.8	30	50	1.8	18.2	42.4	31.3	40.3
	M6	42	700	4 500	7.1	181.3	181.3	23	81	—	—	—	—	—
	M7	15	500	4 500	3.8	235.1	752.6	24	34	4.6	179.7	566.5	28.7	16.3
	M8	20	600	5 000	4.6	179.7	566.5	—	—	1.3	28.3	60.2	—	—
猪	P1	45	540	480	21.9	363.0	428.8	24	62	—	—	—	—	—
	P2	—	200	50	12.1	249.7	599.9	28	50	—	—	—	—	—
	P3	—	410	400	66.8	781.9	1 056.2	24	58	—	—	—	—	—
	P4	90	240	99	71.7	498.2	925.8	21	64	—	—	—	—	—
牛	C1	—	264	29	16.1	108.7	140.6	30	41	—	—	—	—	—
	C2	—	200	50	18.3	149.4	182.8	28	47	—	—	—	—	—
	C3	—	280	400	57.8	125.0	141.2	23	47	—	—	—	—	—
	C4	—	33 000	380	69.3	136.2	154.0	21	65	—	—	—	—	—

注："—"表示未获得相关信息。

值（11%），这与鸡舍四环素类耐药基因检测结果相符（段会勇 等，2013）。虽然蛋鸡和肉鸡舍外四环素耐药菌浓度较低，但其所占总细菌丰度分别达 8.81% 和 15.89%。这说明养殖场舍内生物气溶胶，包括耐药细菌已经能够传播到舍外，对周边空气环境造成影响。

③畜禽养殖场舍内外红霉素耐药菌气溶胶浓度及丰度

红霉素耐药菌的浓度和丰度在 4 种动物中的整体变化趋势与总细菌和四环素耐药菌气溶胶浓度一致，但其浓度以及丰度均高于四环素耐药菌。

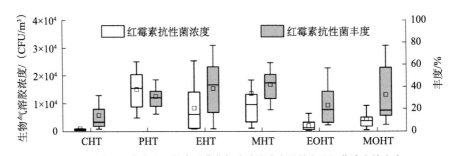

图 3-3 养殖场舍内外红霉素耐药菌气溶胶的浓度及其占总细菌浓度的丰度

CHT、PHT、EHT、MHT、EOHT 和 MOHT 分别代表牛舍内、猪舍内、蛋鸡舍内、肉鸡舍内、蛋鸡舍外和肉鸡舍外。

由图 3-3 可知，猪舍内红霉素耐药菌气溶胶的平均浓度最高，为 1.50×10^4 CFU/m³，其次是肉鸡、蛋鸡和牛。已有研究发现，鸡舍内金黄色葡萄球菌对红霉素耐药率达 75.2%（柳敦江 等，2012）。Hong 等（2012）认为，如果一个细菌种群对一种抗生素产生耐药，就会在抗生素的选择压力下占优势，从而产生多重抗生素耐药。以往研究在鸡粪和猪粪中检测到了多重耐药菌（祁诗月 等，2013）。本研究发现空气中红霉素耐药菌和四环素耐药菌具有显著正相关性（$P < 0.05$），对比分析图 3-2 和图 3-3，推测具有红霉素耐药的细菌气溶胶，很可能同时也具有四环素耐药性。本研究结果显示，肉鸡舍内的红霉素耐药菌浓度和丰度均高于蛋鸡，蛋鸡和肉鸡舍外红霉素耐药菌平均浓度和丰度分别为 1.9×10^3 CFU/m³、4.2×10^3 CFU/m³ 和 23.19%、36.53%，且舍内外趋势相同，进一步说明养殖场舍内是舍外生物气溶胶污染的来源。

（2）畜养殖场生物气溶胶粒径分布特点

动力学粒径是生物气溶胶的重要属性之一，不同粒径的颗粒物可以沉降在人体呼吸道的不同位置。本研究对 FA-I 撞击式采样器所收集的 6 个粒径细菌、四环素和红霉素耐药菌的浓度和分布特点进行分析，并计算动力学粒径的几何平均值（表 3-2），对细菌、四环素和红霉素耐药菌气溶胶的可能造成的危害进行初步评估。

①畜禽养殖场舍内外细菌气溶胶粒径分布特点

由图 3-4 可知，整体上细菌气溶胶主要分布在中间粒径范围内，而在大粒径和小粒径范围内浓度较低。除了蛋鸡舍内，其他 5 个采样点的最高浓度值均在 Stage Ⅲ 检测到。这

表 3-2　畜禽养殖场生物气溶胶空气动力学粒径

养殖场	细菌气溶胶		四环素耐药菌气溶胶		红霉素耐药菌气溶胶	
	$d_g/\mu m$	σ_g	$d_g/\mu m$	σ_g	$BI_g/\mu m$	σ_g
P	4.39	2.53	6.10	2.39	5.35	2.32
C	4.22	2.34	4.16	2.69	7.07	2.24
EI	3.42	2.34	4.58	2.41	3.57	2.28
EO	3.87	2.68	5.68	2.60	4.67	2.62
MI	3.94	2.47	3.23	2.37	4.39	2.37
MO	3.85	2.52	9.58	2.49	5.60	2.44

注："d_g"表示空气动力学粒径几何平均值；"σ_g"表示空气动力学粒径几何标准偏差。

与城市环境（高敏 等，2014）以及污水处理厂中细菌气溶胶的粒径分布特点相似，最高浓度出现在 Stage Ⅲ~Ⅵ范围内。4 种养殖动物舍内细菌气溶胶在 6 个粒径范围的分布特点存在差异。根据公式 $d_g=\exp(\sum c_i \ln d_i/S)$（式中，$c_i$ 指在第 i 个粒径区间测量的细菌或耐药菌气溶胶的平均浓度，CFU/m^3；d_i 指在第 i 个粒径区间的中值径，μm；S 指所有粒径平均浓度的总和，CFU/m^3）可知，生物气溶胶在单位粒径上的浓度以及总浓度决定了其整体的动力学粒径几何平均值。例如，猪舍中细菌气溶胶在 Stage Ⅵ~Ⅰ内单位粒径的浓度分别为 $2.21\times10^4\ CFU/m^3$、$1.58\times10^4\ CFU/m^3$、$3.39\times10^4\ CFU/m^3$、$4.79\times10^4\ CFU/m^3$、$3.58\times10^4\ CFU/m^3$ 和 $2.90\times10^4\ CFU/m^3$。其动力学粒径几何平均值（4.39 μm）高于其他养殖环境，这主要是由在大粒径范围内细菌气溶胶的单位粒径浓度较高，而在小粒径范围内细菌气溶胶的单位粒径浓度较低造成的。

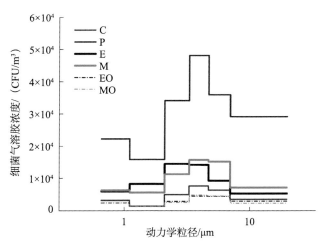

图 3-4　养殖场舍内外细菌气溶胶粒径分布特点

C、P、E、M、EO 和 MO 分别代表牛舍内、猪舍内、蛋鸡舍内、肉鸡舍内、蛋鸡舍外和肉鸡舍外。

②四环素耐药菌气溶胶粒径的分布特点

由图3-5可知，整体上四环素耐药菌气溶胶与细菌气溶胶粒径的分布特点有所差异。蛋鸡和肉鸡的最高浓度在 Stage Ⅲ（3.3～4.7 μm）检测到。而猪舍和牛舍内最高浓度分别在 Stage Ⅰ（>7 μm）和 Stage Ⅳ（2.1～3.3 μm）为 $4.49×10^3$ CFU/m³ 和 $2.37×10^2$ CFU/m³。蛋鸡和肉鸡舍外的最高浓度均分布在 Stage Ⅱ（4.7～7 μm）范围内。舍内四环素耐药菌最大动力学粒径几何平均值在猪舍内检测到，为 6.10 μm。造成这一现象的主要原因可能是猪舍的最高浓度分布在 Stage Ⅰ（>7 μm）。同样，蛋鸡和肉鸡舍外四环素耐药菌气溶胶的在大粒径范围内浓度较高，导致蛋鸡和肉鸡舍外动力学粒径几何平均值较高，分别为 5.68 μm 和 9.58 μm（图3-5）。

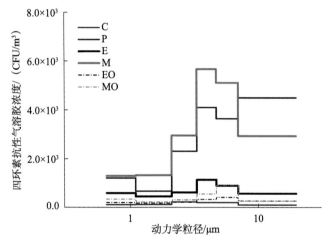

图3-5 养殖场舍内外四环素耐药细菌气溶胶粒径分布特点

C、P、E、M、EO 和 MO 分别代表牛舍内、猪舍内、蛋鸡舍内、肉鸡舍内、蛋鸡舍外和肉鸡舍外。

③红霉素耐药菌气溶胶粒径的分布特点

由图3-6可知，虽然每种养殖动物细菌、红霉素和四环素耐药菌的粒径分布存在差异，但整体上所考察各养殖场舍内红霉素耐药菌气溶胶主要分布在中间粒径范围内，在大粒径和小粒径粒子范围内分布较少。最高单位粒径浓度在 Stage Ⅲ 检测到，蛋鸡、肉鸡、猪和牛舍内分别为 $4.91×10^3$ CFU/m³、$1.01×10^4$ CFU/m³、$1.55×10^4$ CFU/m³ 和 $0.66×10^3$ CFU/m³。Stage Ⅴ 范围内浓度最低，蛋鸡、肉鸡在 Stage Ⅴ 浓度较为接近，分别为 $0.250×10^3$ CFU/m³ 和 $0.252×10^3$ CFU/m³。

综上分析发现，不同养殖场空气环境中同种生物气溶胶的粒径分布规律有所不同，同一养殖场不同种类生物气溶胶也存在差异。畜禽养殖过程中，生物气溶胶的粒径分布受多种因素影响，如气溶胶化的方式和粒子的吸湿性等（StÄRk et al.，1999）。除此之外，动物的活动、通风、垫料以及地板类型也会影响粒径分布（Preller et al.，1995）。本研究考察了空气动力学粒径同表3-1中各个参数之间的相关性，只检测到细菌生物气溶胶的动力

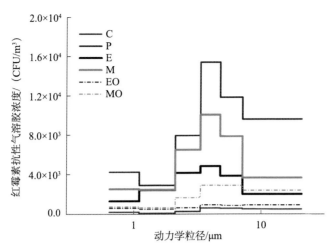

图 3-6　养殖场舍内外红霉素耐药细菌气溶胶粒径分布特点
C、P、E、M、EO 和 MO 分别代表牛舍内、猪舍内、蛋鸡舍内、肉鸡舍内、蛋鸡舍外和肉鸡舍外。

学粒径同 PM2.5 显著正相关（$P<0.05$）。因畜禽舍内生物粒子粒径分布影响因素复杂，很难独立分析。本研究结果显示了北京地区 4 种动物养殖场空气环境中细菌、四环素耐药菌和红霉素耐药菌的粒径分布特点，为后续深入研究其影响因素以及危害评估提供参考。

④生物气溶胶动力学粒径

动力学粒径几何平均值通常用来判定某一生物气溶胶粒子在人体呼吸道的整体沉降位置。如，粒径 $d_g<10~\mu m$ 可进入鼻腔；粒径 $d_g<7~\mu m$ 可进入咽喉；粒径在 3.3～4.7 μm 可进入支气管；d_g 在 2.1～3.3 μm 可进入二级支气管；d_g 在 1.1～2.1 μm 可进入末端支气管；d_g 在 0.65～1.1 μm 可直接沉降至肺泡，从而进入血液循环。本节调查的各养殖场舍内细菌气溶胶的空气动力学粒径 d_g 几何平均值在 3.4～4.4 μm（表 3-2），表明这些细菌绝大部分可直接进入支气管。而四环素和红霉素耐药菌空气动力学粒径 d_g 在不同养殖动物中的波动较大，分别是 3.2～6.1 μm 和 3.6～7.1 μm。整体上，鸡舍外 3 种生物气溶胶粒子的空气动力学粒径 d_g 高于舍内（除肉鸡场细菌气溶胶），这说明所考察的 3 种生物气溶胶在传播至舍外后，空气动力学粒径的增大导致其在人体呼吸道的沉降位置上移。类似地，国外研究人员在养猪场工人的鼻腔检测到了四环素耐药基因（Letourneau et al., 2010），这说明不同动力学粒径可导致耐药基因或者耐药菌沉降在呼吸道的主要位置产生差异。

3.1.2　养殖场气溶胶中四环素和红霉素耐药菌的多样性

（1）抗生素耐药菌的群落结构

采用非度量多维尺度分析（NMDS）分析了动物种类（A）、抗生素（B）、介质（C）以及粒径（D）对 OTU 富集度的影响，并基于 Bray-Curtis 差异度量的 NMDS 分析进一步探究了不同条件下样品样本细菌群落之间的相关性。根据图 3-7a，在粪便和气溶胶样品中，均检测到动物物种对β-多样性的影响。使用非培养的方法对猪和家禽的研究也发现了舍内空气中微生物群落与动物物种相关（Hong et al.，2012；Gao et al.，2017）。基于4种动物养殖场气溶胶和对应动物粪便样本的研究结果，充分揭示了可培养总细菌和抗生素耐药细菌的α-多样性和β-多样性均与动物种类相关。值得注意的是，不同的抗生素培养条件没有对细菌群落的β-多样性产生影响（图3-7b）。

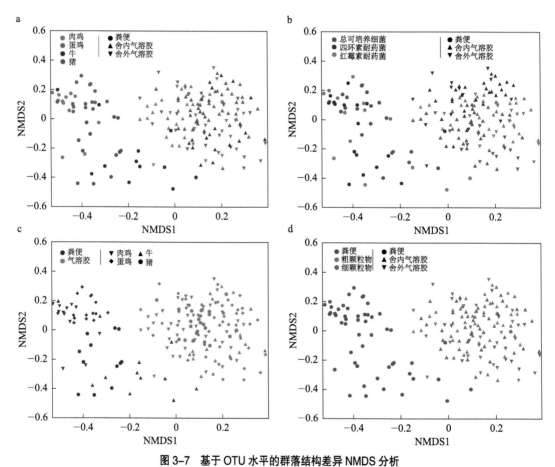

图3-7　基于OTU水平的群落结构差异NMDS分析

a：不同畜禽种类之间群落结构差异；b：不同抗生素选择条件之间群落结构差异；c：畜禽粪便与气溶胶之间群落结构差异；
d：畜禽粪便与粗、细颗粒物气溶胶之间群落结构差异。

粪便和气溶胶样品之间存在明显的群落组成差异。对粪便和舍内气溶胶之间独有和共有OTU的分布，以及粗颗粒和细颗粒（舍内和舍外）的分布进行分析。空气和粪便样品共有OTU数量占总OTU的21%～49%，结合粪便和气溶胶样品之间的细菌群落差异，表明动物粪便可能是空气中微生物的主要来源，包括抗生素耐药微生物（Yang et al.，2017a）。然而，也有一部分生物气溶胶来自其他来源。值得注意的是，粪便中高比例（约80%）的细菌被气溶胶化到空气中，这表明粪便的细菌群落普遍存在于动物舍内的空气环境中。对于所调查的大多数养殖场，粪便中微生物的气溶胶化规律并没有一致性。其中，蛋鸡场的气溶胶化程度较低（只有 30% 左右）。在今后的研究中，需要对可能的原因展开深入研究。根据图 3-7c 和 3-7d 显示，畜禽粪便和气溶胶中的细菌群落组成存在明显差异，而细颗粒物气溶胶与粗颗粒物气溶胶中的细菌群落组成没有明显差异，后续研究还需要通过共现性模型对这一结果进行验证。

（2）气溶胶和粪便之间细菌群落的相关性分析

由于 NMDS 分析中未检测到细颗粒和粗颗粒细菌群落之间的显著差异，因此，进一步分析细颗粒物和粗颗粒负载的微生物 OTU 信息，以明确 4 种动物养殖场中细菌群落的特征。

图 3-8a 分析了畜禽粪便与气溶胶样本中群落组成的相关性。结果显示，同一动物粪便中，总可培养细菌和两种抗生素耐药菌群落具有相似性。总体来说，蛋鸡粪便与其他动物粪便的差异显著性最大，而肉鸡粪便最小。与粪便样本不同，即使在同一动物养殖场中，总细菌和耐药菌气溶胶的群落组成也存在较大差异。对于粗颗粒物气溶胶，无论在相同动物之间还是不同动物之间，不同耐药菌样本间大多数存在显著差异。在粗颗粒物气溶胶中，与其他样本存在显著差异数量最多和最少的动物分别为是肉鸡和蛋鸡（图 3-8b）。与粗颗粒物气溶胶相比，细颗粒物气溶胶样本间细菌组成的差异相对较小，但这种差异程度仍高于畜禽粪便样品。显著差异数量最多和最少的两种动物分别为牛和肉鸡。总体而言，无论是畜禽粪便还是气溶胶样本，牛场和蛋鸡场耐药菌样本最为独特。这解释了动物种类和抗生素选择条件是气溶胶中细菌群落的两个影响因素。前人使用非培养方法，发现蛋鸡场和肉鸡场之间以及禽场和猪场之间存在生物气溶胶群落组成的差异 (Yang et al., 2018a；Hong et al., 2012)。基于可培养的方法，本研究结果也证明了不同畜禽养殖场气溶胶中的群落差异，并进一步展示了细颗粒物和粗颗粒物气溶胶中耐药菌群落特点。

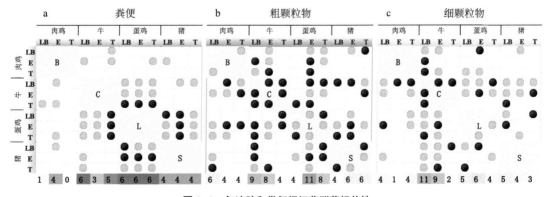

图 3-8　气溶胶和粪便间细菌群落相关性

a：根据 OTU 数评估畜禽粪便；b：细颗粒物；c：粗颗粒物之间细菌组成的显著差异

图底部的数字表示存在显著差异的数量。LB：总细菌；E：红霉素耐药菌；T：四环素耐药菌；

●：*P*<0.05；●：*P*<0.01。

（3）环境因素对抗生素耐药菌的影响

根据皮尔逊（Spearman）相关性分析（图 3-9），空气温度（AT）和相对湿度（RH）与大多数细菌属相对丰度呈正相关，这与前人关于可培养细菌的影响因素研究结果不一致（PM2.5、PM10 和 TSP）（Gao et al., 2016）。导致这一结果的原因可能是颗粒物中的灰分、重金属和次级代谢产物等会对空气中微生物的生长和存活产生不利影响（Gao et al., 2016）。与总细菌相比，抗生素耐药菌与环境因子之间存在更多正相关性（红霉素耐药菌和温度间相关性除外）。值得注意的是，在获得四环素和红霉素抗性后，一些细菌属（如葡萄球菌和芽孢杆菌）与环境因素之间的显著负相关消失。同时，某些细菌属（如埃希氏菌）与环境因素间的正相关的显著性变得更高。据报道，微生物通过产生抗逆性以不断适应新的环境，一些物种在获得抗生素抗性后，对恶劣环境的抵抗力变得更强（Yang et al., 2018），这一理论可以解释本研究中所观察到的现象。

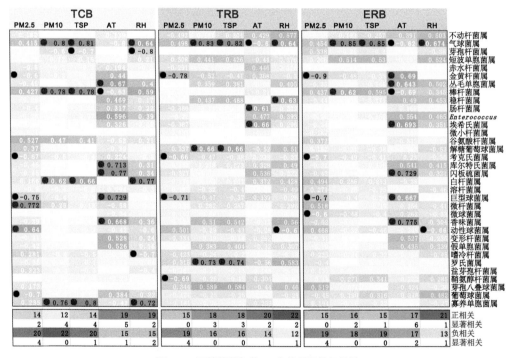

图 3-9　环境因子与前 35 个优势属的相关性

R^2 值由色阶展示，红色和蓝色分别代表正相关和负相关。显著正相关（$P<0.01$）和负相关分别标记为 ● 和 ●。图底部的数字是具有相关性或显著相关性（$P<0.05$）的物种总数。TCB：总细菌；TRB：四环素耐药菌；ERB：红霉素耐药菌。

3.1.3　动物养殖场是空气中抗生素耐药性的热点

由于抗生素的持续使用，动物养殖场中抗生素耐药性（Antimicrobial resistance,

AMR）的发展最终将对人类健康产生重要影响（Van Boeckel et al.，2019）。例如，具有新型耐药机制的黏菌素（被称为"抗生素中的最后一道防线"）耐药基因 *mcr-1*，自首次在中国养猪场中检出后，迅速在全球范围内扩散，并已经扩散到人类肠道微生物组（Liu et al.，2016）。此外，养殖场中新型动物源耐甲氧西林金黄色葡萄球菌（mecC-MRSA ST130）的持续进化已被证明促进了其宿主跳跃（Aires-De-Sousa，2017）。作为"同一健康"框架下"动物—环境—人"循环中不可或缺的一部分（Jin et al.，2022），与动物养殖相关的 AMR 研究主要集中在动物粪便、陆地和水生生态系统中（Zhu et al.，2013；Munk et al.，2018）。最近，空气被证明是 AMR 传播的重要途径，养殖场中的 ARGs 可以向外排放，在洲际之间甚至在全球范围内通过大气传播（Gao et al.，2022；Li et al.，2018；Zhu et al.，2021b）。因此，有必要对动物养殖场空气环境中 AMR 进行全面研究，以探索其作为 AMR 储存库和点源的重要作用。

动物养殖场空气中 ARGs 污染的严重性已通过其多样性得到证明（Li et al.，2019；Yang et al.，2018b）。越来越多的研究提供了动物养殖场空气中 ARGs 丰度的信息，其中，大多数调查研究主要是集中在的少数 ARGs 亚型或有限的养殖场数量（Hong et al.，2012；Ling et al.，2013；Bai et al.，2022；Song et al.，2021）或仅考虑动物养殖场外的污染情况（de Rooij et al.，2019；Mceachran et al.，2015）。为评估动物养殖场空气中 AMR 的排放通量和日益增加对环境 AMR 负担的贡献，有必要基于更广泛的动物种类和足够数量的养殖场，对动物舍内空气环境的 AMR 相关基因进行更详细的定量研究（Xie et al.，2021；Pal et al.，2016）。尽管空气环境中 ARGs 的存在具有特定的来源，但以前的研究表明，空气中的 ARGs 的组成和丰度与其潜在贡献者（如动物粪便）之间存在不可忽视的差异（Luiken et al.，2020；Yang et al.，2018b）。考虑到不同介质的环境行为和暴露途径，有必要对空气传播的 AMR 丰度和流动性进行系统比较，以区分空气与其潜在来源中 AMR 图谱的差异。当涉及小粒径 PM2.5 时，其负载的 AMR 基因能够进入人类的下呼吸道，对人类健康具有重要的影响。此外，较小的空气动力学粒径，使其可在空气中停留较长时间，并可传播数百英里外（Fröhlich-Nowoisky et al.，2016）。

本研究采用微滴式数字 PCR（droplet digital PCR，ddPCR）和 16S rRNA 基因测序技术检测了猪、牛、蛋鸡和肉鸡养殖场空气和粪便样本中 AMR 相关基因和人类致病菌相关属（HPBGs）的丰度和多样性。

（1）动物养殖场空气和粪便样本中的 AMR 基因和细菌的多样性

基于数字 PCR 的定量数据，计算了编码不同类型抗生素耐药性的 8 大类 30 个亚型的 ARGs、2 类 MGEs（可移动遗传元件）和 4 个人类条件致病菌（HPBs）[葡萄球菌属（*Staphylococcus* spp.）大肠杆菌属（*Escherichia* coli.）肠球菌属（*Enterococcus* spp.）和弯曲菌属（*Campylobacter* spp.）] 基因的检出频率和相对丰度，以确定它们在空气和动物粪便中按动物种类和介质的特异性分布（图 3-10）。

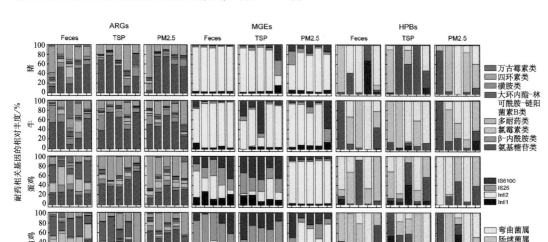

图 3-10 不同动物养殖场粪便、TSP 和 PM2.5 样本中 ARGs、MGEs 和 HPBs 的相对丰度

每个柱代表一个养殖场。ARGs 的分布按照编码抗生素种类分类。

从图 3-10 中可以看出，同一动物养殖场的空气和粪便样本中 ARGs 分布比较均匀。此外，还观察到 ARGs 呈现出动物种类的特异性分布，肉鸡和蛋鸡场中优势的 ARGs 分布趋势较相似，并且这种相似性在粪便样本中更为明显。在大多数的空气和粪便样本中都检测到了 30 种亚型的 ARGs，而 vanA 和 vanB（对万古霉素耐药的代表性基因）的分布则是随机的。四环素类、氨基糖苷类和 β- 内酰胺类的耐药基因是所有样本中主要的 ARGs 类型。在猪粪样本中未检测到 ARGs 的 3 个亚型为 blaPSE、mecA 和 catB3，在牛粪样本中未检测到 vatE，但这 4 个亚型在空气样本中均有检出。在粪便样本中，4 种 MGEs 在养鸡场的分布相对均匀，而 intI2 在猪场和牛场中占主导地位。猪场和牛场空气样本中的插入序列（IS）的相对丰度等于或高于相应粪便样本中的相对丰度。IS26 和 IS6100 属于 IS6 家族，被认为是革兰氏阴性菌，特别是大肠杆菌中最活跃的插入序列之一，并参与 ARGs 的收集、重排和流动。在粪肥和空气样品中几乎都检测到 4 个高浓度的 MGEs。我们关于粪便和空气样本中可移动遗传元件的高检出频率，证明了 MGEs 在畜禽养殖环境中的广泛存在。

此外，基于细菌菌属的测序结果，与 VFDB 数据库中列出的致病菌属进行比对，共鉴定出 39 个含有致病菌种的潜在 HPBGs，计算并比较了不同介质和不同动物种类中致病菌的相对丰度和多样性，结果如图 3-11 和图 3-12 所示。空气样本中 HPBGs 的相对丰度普遍低于粪便样本，猪场空气中 HPBGs 的含量最高。然而，在空气样本中检测到的 HPBGs 数量明显高于粪便样本（$P<0.05$），牛和蛋鸡场中的 HPBGs 比猪场和肉鸡场更多。与粪便样本（革兰氏阳性和革兰氏阴性 HPBGs 的相对丰度分别为 61.3% 和 39.7%）相比，空气样本中革兰氏阳性 HPBGs 的相对丰度（43.7%）有所下降，而革兰氏阴性 HPBGs 的丰

度增加（56.3%）。

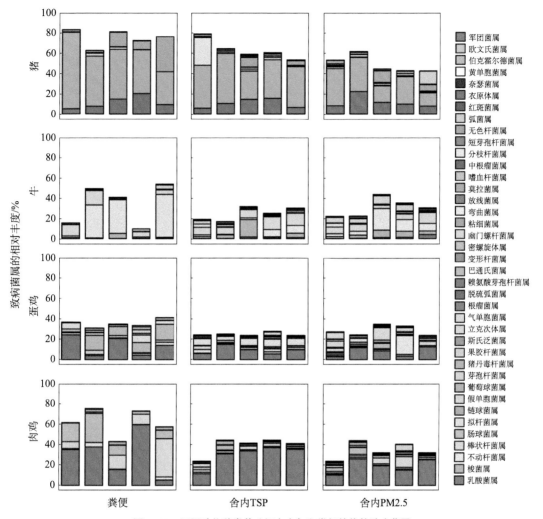

图 3-11　不同动物种类养殖场中空气和粪便的优势致病菌属

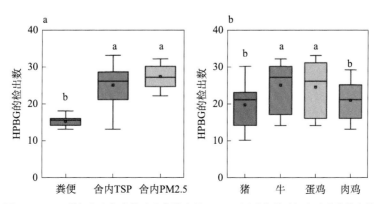

图 3-12　a：粪便和空气中的致病菌检出数；b：不同动物养殖场中致病菌检出数

（2）空气和粪便样本中 AMR 基因的浓度和相对丰度

图 3-13 显示了 4 种动物养殖场 PM2.5、TSP 和粪便样品中 16S rRNA 基因和 AMR 相关基因（ARGs、MGEs 和 HPBs）的浓度。

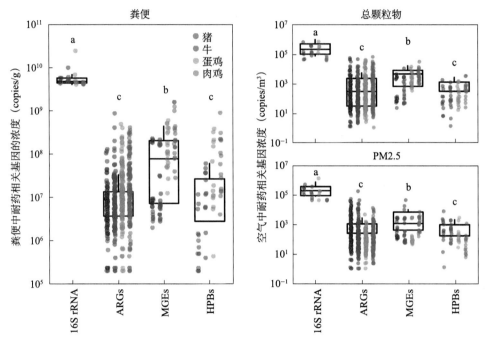

图 3-13　不同动物养殖场的空气和粪便样本中 16S rRNA、ARGs、MGEs、HPBs 的浓度
不同字母表示不同组间差异显著（单因素方差分析，$P<0.05$）。

粪便样本中 ARGs 的平均浓度为（3.24±7.51）×10^7 copies/g（图 3-14），比 16S rRNA 基因的平均浓度 [（6.03±4.31）×10^9 copies/g] 低两个数量级。此外，粪便样本中 MGEs 的平均浓度 [（1.87±3.07）×10^8 copies/g] 显著高于 ARGs 和 HPBs [（7.49±1.48）×10^7 copies/g]（$P<0.05$）。4 种动物养殖场 PM2.5 中 16S rRNA 基因浓度为 10^4～10^6 copies/m^3，均值为（3.40±4.04）×10^5 copies/m^3。与粪便样本的趋势一致，PM2.5 中 MGEs 浓度 [＜（5.04±12.0）×10^3 copies/m^3] 显著高于 ARGs [（3.51±16.4）×10^3 copies/m^3] 和 HPBs [（1.23±2.80）×10^3 copies/m^3]（$P<0.05$）。总体上来看，空气样本中不同种类的 ARGs 浓度具有差异性（图 3-15）。例如，空气中 ARGs 的浓度跨度在氨基糖苷类、β- 内酰胺类和四环素类的高值（约 10^4 copies/m^3）到万古霉素、磺胺类和多耐药类（MDR）的低值（约 10^2 copies/m^3）之间波动。PM2.5 中 HPBs（基于 ddPCR）的最高浓度是弯曲杆菌属 [（2.28±2.56）×10^3 copies/m^3]，其次是肠球菌属 [（1.90±4.55）×10^3 copies/m^3]、大肠杆菌属 [（6.12±5.64）×10^2 copies/m^3] 和葡萄球菌属 [（1.07±3.74）×10^2 copies/m^3]。为了比较动物粪便和空气中 AMR 相关基因的污染状况的差异，计算了 AMR 基因的相对丰度。PM2.5 中的 ARGs [（1.23±3.90）×10^{-2}] 和 MGEs [（2.45±3.78）×10^{-2}] 的相对丰度

显著高于粪便（$P<0.05$）。PM2.5 中 ARGs 的平均相对丰度在不同的抗生素耐药种类中波动变化，范围为 $10^{-4}\sim10^{-1}$，并且变化趋势与它们的浓度变化一致。值得注意的是，PM2.5 中 MGEs 的相对丰度均等于或高于 ARGs 和 HPBs。

利用富集比（空气中 AMR 相关基因的相对丰度与粪便中该基因相对丰度的比值）（Yang et al.，2018b）来表征空气样本中 ARGs 相对于粪便样本的富集程度。如果 ARGs 富集比的对数值大于 0，表示空气中 ARGs 的富集程度高于粪便。如图 3-14 所示，猪、牛和肉鸡场 PM2.5 样本中大多数目标基因的富集比均大于 0。四环素和氨基糖苷类 ARGs 在空气中富集比更高（最高富集比为 10^2），而在猪场和牛场的 PM2.5 样品中发现了两种插入序列（IS）的中等富集。此外，在不同粒径的空气样品中，目标基因的富集比存在显著差异，TSP 中目标基因的富集比显著高于 PM2.5（$P<0.05$）（除猪场外）。

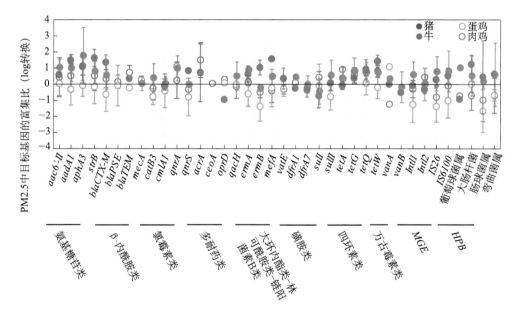

图 3-14　PM2.5 样品中 ARGs、MGEs 和 HPBs 的富集比

富集比使用空气与粪便中 ARGs 相对丰度比值的对数值表示。

动物粪便中残留的抗生素产生的选择性压力可以通过基因的水平转移过程促进其细菌宿主中多种 ARGs 的富集。在这个过程中，潜在的宿主可以捕获各种基因，赋予 AMR 以外的多样化功能，包括消化碳水化合物用于生物修复的分解作用。这些新特性可能使抗生素耐药细菌具有竞争优势，以适应不断变化的环境条件，并促进其在寡营养的空气环境中生存。所有这些结果都可能反映在 ARG 的富集和空气中多重耐药细菌的流行，同样反映在蛋鸡养殖场和其他动物养殖场广泛分离出的一些令人担忧的空气中的多重耐药致病菌（Bai et al.，2022）。ARGs 的富集可能具有更强的可移动性，这提示我们，与粪便中的 AMR 相比，空气中的 AMR 风险被放大了，特别是当它们沉积在新的生态位时。然而，为了准确评估粪便对空气中 ARG 富集的贡献，未来的研究应基于培养组学，有针对性地研究抗生素耐药菌株的表型和基因型特征。

（3）空气和粪便样本中 ARGs、MGEs 和 HPBGs 的共现性分析

基于 Spearman 相关性分析（$R>0.7$，$P<0.01$），构建了空气和粪便样本总体的及不同动物种类的 ARGs、MGEs 和 HPBGs 之间的共现网络（图 3-15）。

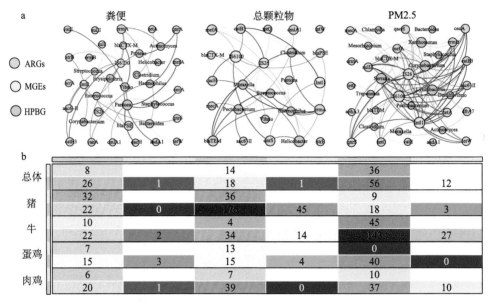

图 3-15　a：四种动物养殖场总体的粪便和空气中特定的 ARGs、MGEs 和 HPBGs 之间的共现网络；
b：ARGs、MGEs 和 HPBGs 之间总体和不同动物种类的正相关的共现边数
节点按照不同的元素分类，节点的大小表示共现数量，两节点之间的连线粗细表示 Spearman 相关性大小。

从整体上看，PM2.5 中 ARGs、MGEs 和 HPBGs 的共发生率最高（图 3-15a）。不同动物养殖场各基因之间共现性的结果表明，空气样本（无论是 PM2.5 还是 TSP）共现边的总数都高于相应的粪便样本（图 3-15b）。ARGs 和 HPBGs 之间的相关性最显著，其次是 ARGs 和 MGEs 和 MGEs 和 HPBGs。

与 ARGs 和 MDR 同时出现的 HPBGs（无论是 PM2.5 还是 TSP）在空气中的数量高于粪便样本（表 3-3），这表明 ARGs-HPBGs 或 MDR-HPBGs 间的共现在空气中比粪便中更普遍。值得注意的是，在蛋鸡养殖场和肉鸡养殖场，包括葡萄球菌在内的 25 种 HPBGs 与 *vanA* 或 *vanB* 共现。PM2.5 中 AMR-HPBGs（至少与一种 ARG 同时出现）的数量在 14～18。此外，猪场的 TSP 样本中有 14 种 HPBGs，牛场的 PM2.5 样本中有 10 种 HPBGs 与 10 个以上 ARGs 亚型具有相关性，其中肠球菌（*Enterococcus* spp.）和葡萄球菌（*Staphylococcus* spp.）（ESKAPE 致病菌含有的两个属）可能携带 15 种以上的 ARGs 亚型。

虽然空气中的 *intl2* 是主要的可移动遗传元件，且在 PM2.5 中浓度较高，但在空气

样品中 *intl2* 与 ARGs 或 HPBGs 没有正相关关系（表 3-4）。空气中（无论是 PM2.5 还是 TSP）与 MGEs 显著相关的 ARGs 数量均大于粪便样本中与 MGEs 显著相关的 ARGs 数量，表明空气中 ARGs 的潜在可转移性更强。总体上看，与插入序列（*IS26* 和 *IS6100*）相关的 ARGs 比与整合子（*intl1* 和 *intl2*）相关的 ARGs 更多，这一趋势在空气样本中尤为明显。同样，与粪便样本相比，空气样本中的 MGEs 和 HPBGs 之间的共现性更高（表 3-4）。

表 3-3　粪便和空气中 ARGs 和 HPBGs、MDR 和 HPBGs、Van A/B 和 HPBGs 的共现边数

		总体	猪	牛	蛋鸡	肉鸡
ARGs-HPBGs	粪便	11	9	12	11	9
	TSP	8	21	22	4	22
	PM2.5	14	15	14	14	18
MDR-HPBGs	粪便	3	5	3	2	2
	TSP	1	14	6	-	11
	PM2.5	8	7	19	2	1
Van A/B - HPBGs	粪便	2	3	3		6
	TSP	——	1	4		1
	PM2.5	——	——	1	14	9

表 3-4　粪便和空气中 ARGs/HPBGs 和 4 个 MGEs 亚型的共现边数

		总体	猪	牛	蛋鸡	肉鸡
Intl1-ARGs	粪便	3	9	4	1	1
	TSP	5	12	——	4	1
	PM2.5	12	4	15	——	2
Intl2-ARGs	粪便	——	9			
	TSP	——				
	PM2.5	——				
IS26-ARGs	粪便	2	6		4	
	TSP	4	12	2	6	——
	PM2.5	12	4	15	——	2
IS6100-ARGs	粪便	3	8	6	1	4
	TSP	5	12	2	3	6
	PM2.5	12	1	15	——	6

续表

		总体	猪	牛	蛋鸡	肉鸡
Intl1-HPBGs	粪便	—	—	1	—	—
	TSP	—	15	8	—	2
	PM2.5	4	1	9	—	2
Intl2-HPBGs	粪便	—	—	—	2	—
	TSP	—	—	—	2	—
	PM2.5	—	—	—	—	—
IS26-HPBGs	粪便	—	—	—	—	—
	TSP	—	15	—	2	—
	PM2.5	4	2	9	—	3
IS6100-HPBGs	粪便	1	—	1	1	—
	TSP	1	15	6	—	4
	PM2.5	4	—	9	—	5

（4）空气和粪便样本中 ARGs、MGEs 和 HPBGs 的相关性分析

为探讨粪便和 PM2.5 样本中 ARGs、MGEs 和 HPBGs 之间的相关性，利用二分网络分析，明确了粪便和 PM2.5 样本中共有和特有的 ARGs 和 HPBGs。基于 Bray-Curtis 相异度，采用 Procrustes 分析确定两种介质中 ARGs 之间和 HPBGs 之间的关系。

30 个 ARGs 亚型和 4 个 MGEs 亚型在 PM2.5 和粪便样本之间全部共享（图 3-16 Aa）。对于不同动物种类的分析显示，只有少量的 ARGs（1～3 个）不被两种介质共享。此外，PM2.5 和粪便样本中共享的 HPBGs 有 29 个，而有 10 个菌属仅在 PM2.5 中存在（图 3-16 Ba），对于不同动物种类的结果，在 PM2.5 中独有的 HPBGs 数量为 14～17 个。Procrustes 分析的结果显示，动物粪便与 PM2.5 的 AMR 组成显著相关（$R=0.445$，$P=0.034$）。此外，空气和粪便样品中 HPBGs 的组成也具有显著的相关性（$R=0.742$，$P=0.000\,1$）（图 3-16 B）。

（5）养殖场空气中 AMR 相关基因的吸入暴露

养殖场空气中 AMR 风险评估的一个重要参数是暴露剂量。与水和土壤传播的 ARGs 相比，空气传播的 ARGs 具有更高的健康风险，因为它们可以与气溶胶一起深入人体肺泡区。大气环境的高流动性可能导致气载 ARGs 的快速传播。因此，空气中 ARGs 可能会对居民构成重大的健康风险。然而，不同种类的 ARGs 往往呈现出不同的暴露特征。本研究中，基于 38 个 AMR 相关基因的定量结果，计算了 PM2.5 中 AMR 的日摄入量，并进一步将其与饮用水和蔬菜的日摄入量进行了比较（图 3-17）。同时，比较了 4 种不同动物养殖场 PM2.5 中的 ARGs、MGEs 和 HPBs 的日摄入量（图 3-17）。

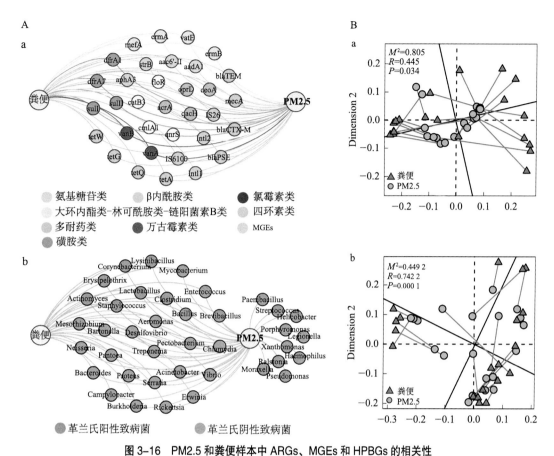

图 3-16　PM2.5 和粪便样本中 ARGs、MGEs 和 HPBGs 的相关性

A：二分网络分析揭示了 PM2.5 和粪便样本之间共有的 ARGs 和 MGEs（a）和 HPBGs（b）；B：粪便和 PM2.5 样品中 ARGs（a）和 HPBGs 群落（b）的 Procrustes 分析。

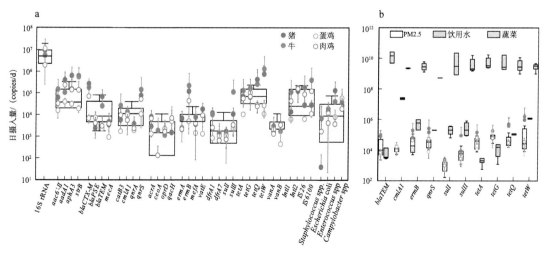

图 3-17　a：通过 PM2.5 吸入的 16S rRNA 基因、ARGs、MGEs 和 HPBs 的日摄入量；
b：通过吸入 PM2.5、饮用水和蔬菜摄入 ARGs 的日摄入量

图 3-17 的结果显示，通过 PM2.5 吸入的 16S rRNA 基因的日摄入量范围在 $10^6 \sim$ 10^7 copies/d，平均值为 6.79×10^6 copies/d。氨基糖苷类（2.19×10^5 copies/d）和四环素类（2.33×10^5 copies/d）ARGs 的日摄入量显著高于多重耐药类、磺胺类和万古霉素类的 ARGs（约 10^3 copies/d）。值得注意的是，MGEs 和 HPBs 的平均日摄入量分别为 1.08×10^5 copies/d 和 2.65×10^4 copies/d。猪场和牛场 PM2.5 上目标基因的日摄入量大多较高，并且 4 种动物间日摄入量的显著性差异仅在氨基糖苷类和 β- 内酰胺类 ARGs 中发现（图 3-18）。

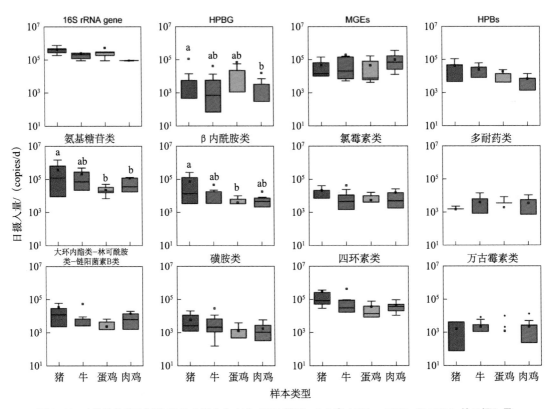

图 3-18　4 种动物养殖场的 PM2.5 样本中 16S rRNA 基因、8 大类 ARGs、HPBs 和 MGEs 的日摄入量；ARGs 按照编码的抗生素耐药类型分类

我们对通过 PM2.5 吸入的 39 个 HPBGs 的日摄入量进行了初步评估，结果如表 3-5 所示。总体上，人类每天通过 PM2.5 直接吸入了 10^6 copies 的 HPBGs，其中，革兰氏阳性 HPBGs 的日摄入量（平均值为 1.42×10^5 copies/d）显著高于革兰氏阴性 HPBGs（平均值为 2.22×10^4 copies/d）（$P < 0.05$）。

表 3-5　4 种动物养殖场 PM2.5 中 HPBGs 的平均摄入量　　单位：（copies/d）

	革兰氏阳性	革兰氏阴性	P 值
总体	1.42×10^5	2.22×10^4	0.006

	革兰氏阳性	革兰氏阴性	P 值
猪	3.16×10^5	1.32×10^4	0.005
牛	6.57×10^4	3.06×10^4	0.132
蛋鸡	1.44×10^5	4.12×10^4	0.153
肉鸡	4.30×10^4	3.83×10^3	0.003

图 3-17b 比较了通过呼吸吸入、饮用水和蔬菜所获得的相同 10 个 ARGs 的日摄入量。一般而言，通过吸入 PM2.5 的 ARGs 的日摄入量低于摄入生蔬菜的。但是，包括 blaTEM、qnrS、tetA、tetG、tetQ 和 tetW 在内的 6 种 ARG 的 DI 值通过 PM2.5（每种动物物种的值，或 4 只动物的平均值）摄入量都高于饮用水。

近年来，通过 PM2.5 暴露吸入 ARGs 的问题受到越来越多的关注，与其他摄入途径相比，受物理或化学屏障的影响较小（Wu et al.，2015）。与城市空气或城市固体废物处理系统中的空气相比，动物养殖场中空气中 ARGs 的日摄入量比通过饮用水摄入 ARGs 量要高得多。此外，将本研究的结果与其他环境相比，观察到了特定来源的吸入暴露。与暴露于城市空气和城市固体废物处理系统的空气相比（Xie et al.，2019），动物养殖场的工人吸入了大量的 qnrA 和 qnrS。因以往研究中的 DNA 提取方法和 ARGs 定量方法与本研究不完全一致，这可能会影响比较的结果。动物养殖场中喹诺酮类耐药基因（qnrA 和 qnrS）的高暴露量可能是因为这些动物养殖场频繁使用喹诺酮类抗生素。虽然农业农村部（第 2292 号公告）在 2015 年禁止在动物饲料中添加喹诺酮类抗生素，但动物养殖场使用抗生素引起的 AMR 暴露问题似乎并没有立即消失，带来的健康风险也可能会有更持久的影响。

值得注意的是，另一个暴露风险是 MGEs 的高暴露量。MGEs 通常可能携带多种 ARGs，使临床一线抗生素产生耐药性（Khan et al.，2020）。此外，丰富的 MGEs 可以为呼吸系统中自身和外来遗传因素的传播提供充足的机会。总体而言，本研究的结果表明，在评估动物养殖场及其他地区空气中 AMR 吸入暴露的潜在危险时，应从更广泛的维度加以考虑，如 ARGs 的风险水平、其可能的宿主以及可移动性。

以上研究结果提高了对抗生素耐药性相关基因通过环境（包括职业暴露和空气途径）从动物向人类传播的认识。越来越多的证据表明，动物养殖场从业人员不仅是职业暴露的受害者，也是与动物相关的 AMR 的携带者和在社区中的传播者（Friese et al.，2012）。此外，动物养殖场释放到周围空气中的 AMR 基因，可以通过区域气团在更广泛的范围内逸散传播，并最终返回地表加入 AMR 循环（de Rooij et al.，2019）。

3.1.4　动物养殖场抗生素耐药性的气溶胶化行为

气溶胶化行为是评估微生物从固体或液体中逸散能力的术语（Moletta et al., 2010）。最早的关于细菌气溶胶化行为的研究是利用空气与自然水域中的可培养细菌的浓度之比进行的（Parker et al., 1983）。尽管在门水平上检测到了具有优先气溶胶化潜力的细菌（Moletta et al., 2007），但细菌的气溶胶化行为受到多种因素的影响。最近，越来越多的研究人员将注意力转向生物污染源中微生物的气溶胶化行为，包括固体废物堆肥（He et al., 2019）、动物粪便堆肥（Wang et al., 2022）和污泥堆肥（Lu et al., 2021）等。然而，目前还没有关于 AMR 的气溶胶化行为和相关影响因素的研究。

在本小节中，假设动物粪便为养殖场中空气传播 AMR 的主要来源，系统研究了 AMR 气溶胶化行为的总体特征，根据生物气溶胶化指数确定粪便中优先气溶胶化的 AMR 相关基因，并探索影响气溶胶化行为的关键影响参数。

（1）抗生素耐药基因、抗生素耐药菌和人类条件致病菌的气溶胶化行为

本研究采用生物气溶胶指数（BI）来指示粪便中 ARGs、ARBs 和 HPBs 的气溶胶化行为（BI=RA$_{空气}$/RA$_{粪便}$），其相应 BI 的对数值结果如图 3-19 所示。当 logBI>0 时，意味着动物粪便中目标污染物更有可能气溶胶化后，逸散到空气中。

ARGs 在粪便中的气溶胶化行为如图 3-19a 所示。总的来说，ARGs 的气溶胶化指数从 0.04~460 不等，气溶胶化指数最高的 *tetW* 和最低的 *sulI* 在肉鸡和猪场检测到。在检测的 30 个 ARGs 中，73.3% 的 ARGs 可以优先气溶胶化，其中，氨基糖苷和四环素类耐药基因更容易气溶胶化。之前在污水处理厂也报道过类似的 ARGs 在空气中的相对丰度更高（Yang et al., 2018b），表明某些 ARGs 的优先气溶胶化可能是一种普遍存在的现象，需要在不同的污染环境中加以关注。然而，尽管在粪便和空气中都检测到了万古霉素（被称为抗生素的"最后一道防线"）耐药基因 *vanA* 和 *vanB*，但这两个基因大多难以气溶胶化（除养牛场的 *vanB* 外）。目前的研究表明，当评估动物粪便对周围空气中 AMR 的潜在贡献时，需要综合考虑目标污染物的浓度和相应的气溶胶化能力。

优先气溶胶化 ARGs 的数量因动物物种而异，从高到低依次为肉鸡（27 个）、牛（21 个）、蛋鸡（19 个）和猪（18 个）。肉鸡场、蛋鸡场、猪场和牛场观察到的最高 BI 值分别为 *tetW*（log BI=1.97±0.68）、*tetW*（log BI=1.23±0.79）、*ermB*（log BI=1.06±0.86）和 *aadA1*（log BI=1.35±0.49）。值得注意的是，上述所有基因都是高风险的 ARGs（Zhang et al., 2021）。同时还发现，同一亚型 ARGs 的 BI 因动物物种而异。如大环内酯 - 林肯酰胺 - 链球菌素 B（MLSB）类耐药基因（*ermB*、*ermA* 和 *mefA*）在蛋鸡养殖场中难以气溶胶化（logBI<0），而在其他动物养殖场中，其 logBI 均>0。喹诺酮类耐药基因的气溶胶行为在不同动物养殖场也呈现出不同的变化趋势，尤其是 *qnrS* 和 *qnrA*。这两个基因被归

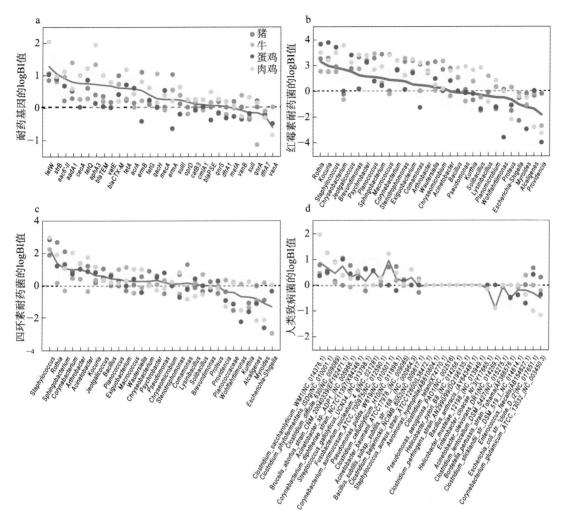

图 3-19　ARGs(a)、丰度前 30 位红霉素 (b) 和四环素耐药细菌属 (c) 以及丰度前 30 位人类致病菌属细菌种 (d) 的气溶胶化指数（BI）

类为 I 级高风险 ARGs，在养牛场不容易气溶胶化，而在肉鸡场则更易气溶胶化。这表明 ARGs 的气溶胶化行为可能受到动物物种的影响，其在不同类型动物养殖场的传播风险并不完全一致。

如图 3-19 b 和图 3-19 c 所示，丰度前 30 位的耐红霉素和四环素细菌属的气溶胶化行为相似，超过一半表现出优先气溶胶化，平均 BI 值为 17 和 18。根据前人对细菌气溶胶化行为的研究，在蔬菜堆肥（He et al.，2019）和污泥堆肥过程（Lu et al.，2021）中分别检测到 11 个属和 10 个属的 logBI 值高于 0。对于抗生素耐药菌中表现出高 BI 值的一个可能的解释是，一些细菌在获得抗生素耐药性后，对恶劣环境的抵抗能力更强（Yang et al.，2018b）。本研究中较高的气溶胶化指数反映了抗生素耐药菌在空气中生存能力的加强。

最容易气溶胶化的红霉素耐药细菌是 *Rothia*（logBI=2.28±1.14）。红霉素耐药和四环素耐药的 *Staphylococcus* 均表现出优先的气溶胶化行为，logBI 值分别为 1.94±1.11 和 2.52±1.02。虽然 *Myroides* 和 *Escherichia-Shigella* 是粪便 ARBs 中的优势细菌属（图 3-19），但在 logBI 值低于 0 的动物养殖场中，它们似乎难以气溶胶化。值得注意的是，对不同抗生素具有耐药性的相同细菌属表现出不同的气溶胶化行为，耐红霉素和四环素 *Acinetobacter* 的 logBI 值分别为 0.17±0.09 和 0.88±0.63。尽管细菌本身的特征被认为是其气溶胶行为的主要决定因素（Lu et al.，2021），但本研究的结果表明，其他因素也可能发挥着不可忽视的作用。

丰度排名前 30 位的 HPBs 中有 14 个倾向于优先气溶胶化（log BI>0）。*Clostridium saccharolyticum* WM1 是猪场（log BI =0.79±0.50）和肉鸡场（log BI =1.94±0.68）最容易气溶胶化的致病菌。*Brucella abortus* strain CNM 20040339 在牛场（log BI =1.05±0.49）和蛋鸡场（log BI =1.01±0.28）更容易气溶胶化。*Brucella abortus* 主要感染猪和牛等动物，一些研究发现它可能会损害人类和动物的生殖系统和关节（Aliyev et al.，2022）。*Brucella abortus* 的主要感染者是牛羊饲养者、屠宰者和加工者，并且 *Brucella abortus* 已被证明可以通过气溶胶传播（Kahl-McDonagh et al.，2007）。

HPBs 的气溶胶行为也表现出动物特异性。*Streptococcus gallolyticus* 在牛场（log BI =0.60±0.31）和蛋鸡场（log BI =0.64±0.11）中优先气溶胶化。*Corynebacterium glutamicum* ATCC 13032 在养猪场中优先气溶胶化，在其他动物种类则表现出相反的趋势。在这 44 种检测到的 HPBs 中，有些 HPBs 不仅会引起动物疫病暴发，影响肉蛋生产，还会对人体健康构成潜在风险。例如，*Clostridium difficile* 在空气中表现出高丰度，并具有优先气溶胶化行为（平均 log BI=0.46±0.32）。作为院内感染中最常见的病原体之一，*Clostridium difficile* 占医疗保健相关感染致病菌的 15%（Magill et al.，2018）。*Clostridium difficile* 从动物粪便中逸出可能会对农场工人和周边居民的健康构成威胁，甚至导致社区传播。牛场和蛋鸡场中优先气溶胶化的 *Streptococcus gallolyticu* 也引起了人们的注意，因为它不仅会引起猪的脑膜炎、关节炎和败血症，还会引起人类的脑膜炎和中毒性休克综合征，严重时可能导致死亡（Nguyen et al.，2021）。

（2）抗生素耐药基因、抗生素耐药菌和人类病原菌气溶胶行为的影响因素

根据 ARGs 和 ARBs 气溶胶化指数的分布结果（图 3-19），发现在不同的动物养殖场中，同一个 ARGs 亚型或者同一个菌属的气溶胶化指数波动非常大。除了养殖动物种类的影响之外，其他参数也可能对气溶胶过程产生影响，包括养殖相关参数（日龄、动物数量、饲养面积和饲养密度）和环境相关因子（温度、相对湿度和 PM2.5 质量浓度）。

采用偏最小二乘路径模型（PLS-PM）分析了养殖参数、环境因子和动物类型对目标

污染物气溶胶化行为的影响，结果如图 3-20 所示。PLS-PM 模型的 GOF 均高于 0.36，表明本研究中考察的参数对 BI 值的变化有显著的影响（Henseler and Sarstedt，2013）。总的来说，目标物的气溶胶化行为受到动物种类的显著影响（除四环素耐药菌外），这证实了，不同动物养殖场粪便中 ARGs 和 ARBs 气溶胶化行为的差异。此外，环境因子与 ARGs 和 ARBs 的气溶胶化行为均呈显著正相关，对 HPB 的影响也呈正相关，但不显著（$P >$ 0.05）。以上结果表明，空气温度、相对湿度和 PM2.5 质量浓度的增加可能促进粪便中微生物的逸散。两种类型的 ARBs 对养殖相关参数表现出相同的负相关。

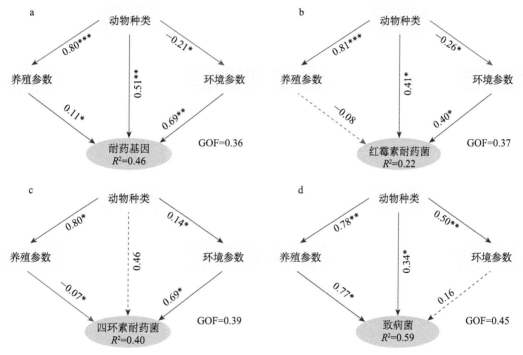

图 3-20　利用偏最小二乘路径模型（PLS-PM）探究了影响耐药基因 (a)、耐红霉素细菌 (b)、耐四环素细菌 (c) 和人类致病菌 (d) 气溶胶化行为的主要因素

红色和蓝色箭头分别表示正和负；虚线和实线表示显著性（*$P<0.05$，**$P<0.01$，***$P<0.001$）；GOF 用来评价模型的拟合优度。

（资料来源：Henseler and Sarstedt，2013）。

基于 Spearman 相关系数，采用相关性热图进一步分析了各影响因素与 ARGs、ARBs 和 HPBs 气溶胶化指数的关系（图 3-21）。结果表明，动物数量和饲养密度与大多数 ARGs 的气溶胶化指数正相关，这些 ARGs 通常是动物粪便中浓度较高的亚型，并且这样的结果主要出现在养鸡场。存栏量较大或养殖密度高的养鸡场通常清粪频率高，这可能会促进粪便中 ARGs 的逸散（Liu et al.，2018）。日龄对 ARGs（图 3-21a）以及两类 ARBs（图 3-21b 和 3-21c）的气溶胶化指数大多有负面影响，这可能是因为随着食用动物日龄的增长，粪便中的耐药菌丰度不断减少有关（Berge et al.，2005）。

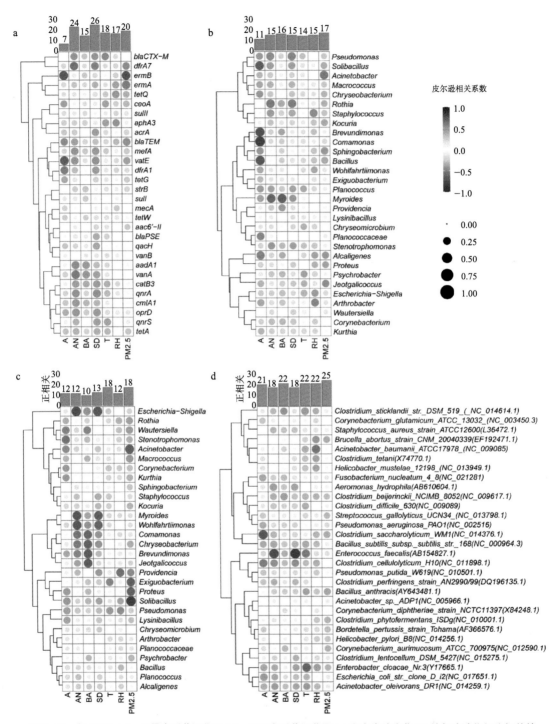

图 3-21　与 ARGs(a)、红霉素耐药细菌属 (b)、四环素耐药细菌属 (c) 和人类致病菌 (d) 的气溶胶化行为相关的因素；A：日龄、AN：动物数量、BA：养殖面积、SD：饲养密度、T：温度、RH：相对湿度、PM2.5：PM2.5 质量浓度。

气溶胶化指数与温度呈正相关的菌属数量为 18 个，与相对湿度的正相关菌属数量（17 个）相当。然而，温度和相对湿度对同一 ARGs 的气溶胶化行为的影响大多呈现相反的趋势。因此，可以调节养殖场空气温度和相对湿度来控制粪便中细菌的气溶胶化行为。此外，一些与养殖有关的参数，如动物数量和饲养密度影响某些 ARBs 的气溶胶化。例如，耐红霉素和四环素的大肠杆菌 - 志贺氏菌（*Escherichia-shigella*）、葡萄球菌（*Staphylococcus*）、库氏菌（*Kurthia*）和假单胞菌（*Pseudomonas*）的气溶胶化指数与动物数量、养殖面积和饲养密度有正相关关系。

图 3-21d 的结果表明，大多数参数与 HPBs 的气溶胶化行为呈正相关，特别是 PM2.5 质量浓度与 25 个 HPBs 的 BI 呈正相关。有研究表明，空气中 ARGs 的丰度和多样性随着 PM2.5 质量浓度的增加而增加（Sun et al.，2020）。鉴于动物养殖场的空气环境充满了各种污染物，这些污染物可能为空气中的微生物提供保护和营养，从而提高在空气中的生存能力。空气中致病菌 *Streptococcus pneumoniae* 的比例随着颗粒物水平的增加而增加（Cao et al.，2014）。对于更容易气溶胶化的 HPBs（log BI 值 >0），*Staphylococcus aureus* 和 *Escherichia coli* 的气溶胶行为主要与相对湿度和 PM2.5 质量浓度呈正相关，而 *Pseudomonas aeruginosa* 和 *Acinetobacter baumannii* 主要与养殖相关参数呈正相关（图 3-21）。

3.2　堆肥场空气中的微生物、抗生素耐药基因与呼吸暴露

3.2.1　堆肥过程逸散抗生素耐药菌气溶胶的浓度及粒径分布特征

堆肥生产过程中，畜禽粪便中的微生物包括抗生素耐药菌和耐药基因可逸散到空气中，形成生物气溶胶。耐药菌以及耐药基因经气溶胶化后，可对堆肥场工人和周边居民造成危害。已有研究表明，在堆肥区下风向 200 m 处霉菌气溶胶浓度高达 1.3×10^5 CFU/m³（Herr et al.，2003）。并且，在堆肥场外 600 m 处仍检测到嗜热放线菌气溶胶（Fischer et al.，2008）。Gao（2018）在堆肥场的堆肥区、装料区、生活区以及下风向均检测出多种高浓度抗生素耐药基因。

采集了一个规模化畜禽粪便堆肥场不同区域的生物气溶胶样本，分析了总细菌、四环素和红霉素耐药菌气溶胶的浓度和动力学粒径分布规律，旨为堆肥过程中抗生素耐药菌在空气环境的污染现状以及对工人的健康危害评估提供科学依据。

（1）堆肥场及周边环境抗生素耐药菌气溶胶浓度分布规律

首先对所选定堆肥场及周边空气环境中的总细菌、四环素耐药和红霉素耐药菌气溶胶浓度进行检测，结果如图3-22所示。堆肥生产区总细菌气溶胶平均浓度为（2.65±2.15）× 10^4 CFU/m^3，该结果高于北京城市空气中细菌气溶胶的检测结果（$10^2 \sim 10^3$ CFU/m^3）（Gao et al.，2015；Fang et al.，2008）。与伦敦（Pankhurst et al.，2011）和伊朗（Nikaeen et al.，2009）的堆肥场空气中细菌气溶胶的检测结果相似（浓度分别 1.23×10^4 CFU/m^3 和 0.93×10^4 CFU/m^3）。同时，在堆肥场生产区检测到了四环素和红霉素耐药性的细菌气溶胶，浓度分别为（9.54±8.68）× 10^3 CFU/m^3 和（7.39±5.05）× 10^3 CFU/m^3。目前，国内外关于堆肥场逸散生物气溶胶浓度的研究主要集中在空气中的细菌，对抗生素耐药菌鲜有报道。畜禽粪便被认为是养殖场空气中生物气溶胶的主要来源（Kumari et al.，2014）。由此推断，堆肥原料粪便可能是生产区空气中抗生素耐药菌的主要来源。

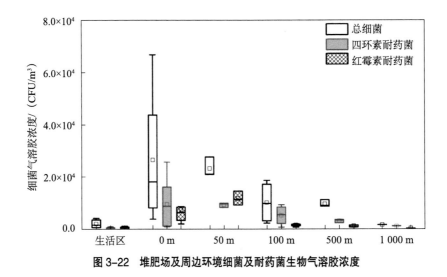

图3-22　堆肥场及周边环境细菌及耐药菌生物气溶胶浓度

在堆肥场的生活区也检测到了四环素耐药菌和红霉素耐药菌，浓度分别为（4.45±2.78）× 10^2 CFU/m^3 和（5.51±3.92）× 10^2 CFU/m^3（图3-22），红霉素耐药菌的平均浓度高于四环素耐药菌（$P > 0.05$）。生活区是堆肥场员工的日常活动和休息区域，耐药菌的检出说明该区域空气已经受到了污染。虽然生活区总细菌气溶胶浓度（2.06±1.50）× 10^3 CFU/m^3 低于生产区1个数量级（$P < 0.05$），但是，耐药菌的检出仍需引起注意。

为了评估堆肥场对周边空气环境造成的污染，对其周边不同距离空气环境中抗生素耐药菌的浓度进行了检测。结果显示，生产区总细菌气溶胶的浓度为（2.65±2.15）× 10^4 CFU/m^3，生产区外 50 m、100 m、500 m 和 1 000 m 处，细菌气溶胶的浓度分别（2.32±0.38）× 10^4 CFU/m^3、（1.02±0.82）× 10^4 CFU/m^3、（0.97±0.14）× 10^4 CFU/m^3 和（1.66±0.05）× 10^3 CFU/m^3。浓度分别降低至堆肥区的 87.61%、38.42%、36.57% 和 6.26%。

所考察的四环素和红霉素耐药菌随传播距离的消减趋势与总细菌气溶胶相似。在 100 m 处，浓度分别降低至（5.27±3.88）×10^3 CFU/m^3 和（1.55±0.54）×10^3 CFU/m^3，分别是生产区浓度的 55.21% 和 21.04%。在 1 000 m 处，2 种耐药菌的检出浓度为（1.17±0.11）×10^3 CFU/m^3 和（0.33±0.01）×10^3 CFU/m^3，分别为生产区浓度的 12.31% 和 4.42%。

对空气中总细菌和抗生素耐药菌平均浓度随逸散距离的变化规律进行回归分析，结果如图 3-23 所示。整体上，在距离堆肥场 100 m 处生物气溶胶浓度下降最为显著（P＜0.05）。在生产区外 1 000 m 处，总细菌气溶胶平均浓度远低于场内，下降了 1 个数量级。已有研究结果表明，堆肥场逸散的生物气溶胶浓度随着逸散距离迅速降低，距逸散源约 250 m 处降至与环境背景浓度（10^3 CFU/m^3）相当的水平（Taha et al.，2005；Wery et al.，2014）。本研究中，空气中总细菌和两种抗生素耐药菌浓度在 250 m 处分别为 1.61×10^4 CFU/m^3、0.63×10^4 CFU/m^3 和 0.51×10^4 CFU/m^3。浓度降低趋势在 500 m 处才有所放缓，在 1 000 m 处降低至 10^3 CFU/m^3。尽管如此，相应抗生素耐药菌的浓度仍达到 10^2 CFU/m^3。本研究在堆肥场区以及周边空气环境中抗生耐药菌的检出，表明抗生耐药菌可作为一种空气污染的评价指标。

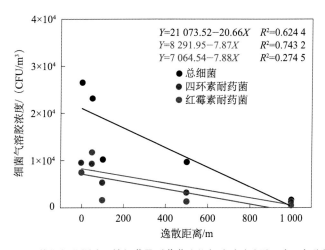

图 3-23　堆肥场及周边环境细菌及耐药菌生物气溶胶浓度随距离回归分析

堆肥场及周边空气环境中四环素和红霉素耐药菌的相对丰度结果如图 3-24 所示。堆肥生产区四环素和红霉素耐药菌气溶胶的相对丰度（占总细菌浓度的比例）分别为 36.44% 和 40.20%，这与养殖场空气的研究结果相近（张兰河 等，2016）。四环素耐药菌的相对丰度随逸散距离有所升高，对相对丰度与逸散距离之间的关系进行线性拟合，得到公式 $Y=39.14+0.024X$（$R^2=0.22$）。红霉素耐药菌的逸散规律与四环素耐药菌相反，其相对丰度随距离的增加而降低。相对丰度与逸散距离之间的线性拟合公式为 $Y=40.92-0.028X$（$R^2=0.42$）。在距离生产区 1 000 m 处，四环素和红霉素耐药菌的相对丰度分别为

（70.67±4.64）% 和（19.68±0.16）%。堆肥场逸散的空气细菌以及抗生素耐药菌逸散出场外，在传输过程中受到温度、湿度和紫外线等环境因素的影响（Jones et al.，2004），加之周围空气的稀释作用，使得包括抗生素耐药菌在内的所有空气细菌整体上呈现降低趋势（图3-22）。其他来源的细菌对空气中的细菌气溶胶的持续补充导致红霉素耐药菌相对丰度随距离呈现下降趋势。四环素耐药菌的相对丰度增加可能是因为某些抗生素耐药菌在获得抗生素耐药性后，其抗逆性增加，即对于环境因子（温度和湿度）的抵抗力增加（Yang et al.，2015），导致其绝对浓度随距离下降缓慢，相对丰度有所增加。

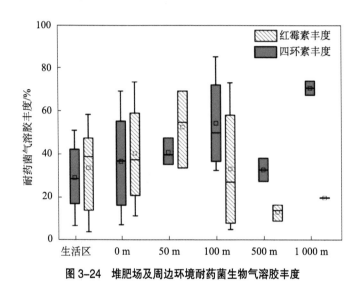

图3-24　堆肥场及周边环境耐药菌生物气溶胶丰度

（2）堆肥场及周边环境细颗粒物负载抗生素耐药菌气溶胶浓度分布规律

　　鉴于细颗粒物对人类健康的危害较大，对细颗粒物负载的总细菌，四环素和红霉素耐药菌的浓度进行了分析，结果如图3-25所示。堆肥生产区细颗粒物负载总细菌气溶胶平均浓度为（8.12±7.50）×10³ CFU/m³，其中，具有四环素和红霉素耐药性的细菌气溶胶浓度分别为（2.05±2.07）×10³ CFU/m³ 和（2.59±3.46）×10³ CFU/m³。与总颗粒物中总细菌、四环素和红霉素耐药菌相比，其所占比率分别为30.63%、21.46% 和35.17%，说明堆肥场逸散的以上3种生物气溶胶主要分布在粗颗粒物表面。在细颗粒物中，红霉素耐药菌的浓度高于四环素耐药菌，这与总颗粒物的结果相反（图3-25）。生活区细颗粒物负载的细菌浓度为（4.36±3.12）×10² CFU/m³。该区域的四环素耐药菌和红霉素耐药菌的浓度均远低于生产区，浓度分别为（0.94±0.73）×10² CFU/m³ 和（1.06±1.10）×10² CFU/m³，分别占细颗粒物中总细菌的21.19% 和19.25%。该部分研究结果表明，虽然生活区受到污染，但是该区域可入肺部分的四环素和红霉素耐药菌所占比例相近，且均低于生产区（P ＜0.05）。

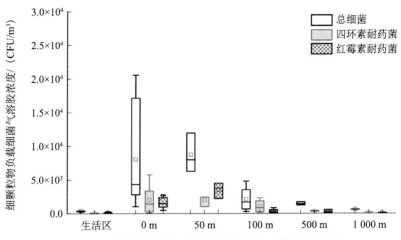

图 3-25　堆肥场及周边环境细颗粒物负载细菌气溶胶浓度

细颗粒物负载细菌和 2 种抗生素耐药菌的浓度随着逸散距离均呈现下降趋势（图 3-25）。生产区细颗粒物负载总细菌气溶胶的浓度为（8.12±7.50）×10^3 CFU/m^3，生产区外 50 m、100 m、500 m 和 1 000 m 处，相应浓度分别为（8.74±2.90）×10^3 CFU/m^3、（2.13±1.98）×10^3 CFU/m^3、（1.48±0.23）×10^3 CFU/m^3 和（0.62±0.024）×10^3 CFU/m^3。在厂外 1 000 m 处浓度降低至生产区的 7.62%。细颗粒物负载四环素和红霉素耐药菌也随传播距离增加而呈现消减趋势。在 100 m 处，浓度降低幅度最大，分别降至（1.08±1.02）×10^3 CFU/m^3 和（0.36±0.34）×10^3 CFU/m^3，是生产区浓度的 52.63% 和 13.93%。在 1 000 m 处，2 种耐药菌的检出浓度为（2.03±0.12）×10^3 CFU/m^2 和（0.88±0.49）×10^3 CFU/m^3，分别是生产区浓度的 9.92% 和 3.40%。以上结果表明，细颗粒物负载耐药菌随逸散距离变化的规律与总细菌相一致。浓度和距离之间的回归分析结果如图 3-26 所示。通过回归公式计算，在 250 m 处，空气中总细菌和 2 种抗生素耐药菌浓度在 250 m 处为 4.77×10^3 CFU/m^3，1.29×10^3 CFU/m^3 和 1.58×10^3 CFU/m^3。其中细颗粒物中总细菌气溶胶浓度在英国环境局关于堆肥场生产操作标准规定（Environment Agency，2001；Environment Agency，2010）范围之内，但是细颗粒物中高浓度抗生素耐药菌的检出表明，在距堆肥场 250 m 范围内的空气仍存在生物风险。

同时，还考察了细颗粒物负载生物气溶胶（细菌和两种抗生素耐药菌）在总颗粒物中所占的比率。整体上，细颗粒物负载红霉素耐药菌占总颗粒物负载红霉素耐药菌的比率（28.03±3.65）% 高于四环素耐药菌的比率（18.74±2.86）%（$P<0.05$）。随着距离的增加，细颗粒物负载细菌与总颗粒物负载细菌的比率没有显著变化（28.35±8.18）%，而两种抗生素耐药菌在总颗粒物中所占的比率呈现下降趋势。经过回归分析，四环素和红霉素耐药菌所占比率与距离之间的关系分别为 $Y=20.57-0.005\,6X$（$R^2=0.23$）和 $Y=29.44-0.004\,3X$（$R^2=0.14$）。

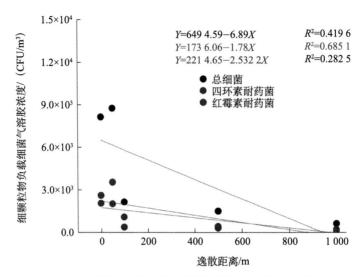

$Y=649\ 4.59-6.89X \qquad R^2=0.419\ 6$

$Y=173\ 6.06-1.78X \qquad R^2=0.685\ 1$

$Y=221\ 4.65-2.532\ 2X \qquad R^2=0.282\ 5$

图 3-26　堆肥场及周边环境细菌及耐药菌生物气溶胶浓度随距离回归分析

两种抗生素耐药菌的气溶胶相对丰度分析结果如图 3-27 所示。在生产区内，空气中细颗粒物负载四环素和红霉素耐药菌的相对丰度分别为（31.22±21.10）% 和（30.55±19.03）%。在堆肥区，其相应丰度分别为（23.56±11.77）% 和（34.66±12.41）%。随着逸散距离的增加，细颗粒物中四环素和红霉素耐药菌相对丰度呈现出不同的趋势。相对丰度与距离的回归分析结果分别为 $Y=27.87+0.004\ 7X$（$R^2=0.23$）和 $Y=34.99-0.023X$（$R^2=0.47$）。

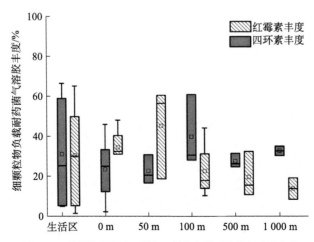

图 3-27　堆肥场及周边环境细颗粒物负载耐药菌气溶胶丰度

（3）堆肥场及周边抗生素耐药菌气溶胶粒径分布规律

①堆肥场及周边环境细菌和耐药菌气溶胶粒径分布特点

各采样点细菌气溶胶的粒径分布情况如图 3-28 所示。整体上，6 个采样点的最高浓度均在 4.7～7.0 μm（Stage Ⅱ）范围内检测到，但各采样点的具体粒径分布特点有所差异。其中，生产区（0 m 处）细菌气溶胶浓度在 3.3～4.7 μm 和 4.7～7.0 μm 两个粒径范围内整体较高，分别为 1.7×10^4 CFU/m³/dlgDp 和 2.3×10^4 CFU/m³/dlgDp。这一粒径范围的气溶胶被吸入后主要沉降在人体的鼻腔、口腔和咽部（Xu et al., 2013）。在 50 m 处，粒径较小的细菌气溶胶浓度整体高于其他采样点。该部分研究结果显示，随着逸散距离的增加，细菌气溶胶最高浓度所在粒径范围没有变化（4.7～7.0 μm）。目前，国内外还没有针对堆肥场生物气溶胶粒径分布的相关研究。张兰河等（2016）对养殖场细菌气溶胶粒径分布情况的研究显示，肉鸡、牛和猪舍内细菌气溶胶的最大浓度分布在 3.3～4.7 μm（Stage Ⅲ）范围内。与本研究结果有所差异，这说明不同环境中细菌气溶胶的粒径分布规律受到环境因素影响而呈现出不同分布特征。

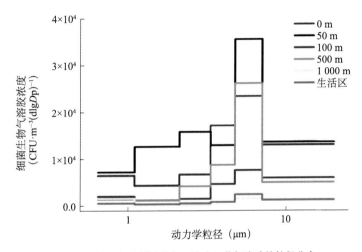

图 3-28　堆肥场及周边空气环境中细菌气溶胶的粒径分布

四环素耐药菌气溶胶在堆肥场及周边的粒径分布情况如图 3-29 所示。与总细菌的粒径分布规律相似，各采样点空气中最高浓度的四环素耐药菌均在 Stage Ⅱ（4.7～7.0 μm）内检测到，其次是在 Stage Ⅲ（3.3～4.7 μm）和 Stage Ⅳ（2.1～3.3 μm）2 个粒径范围内。目前，国内外未见关于抗生素耐药菌粒径分布的相关报道。Gao 等（2016）对养鸡场空气中四环素耐药基因的粒径分布研究结果显示，*tetW* 和 *tetL* 的最高浓度也分布在较大粒径范围内（>5.8 μm）。随着逸散距离的增加，不同粒径内的四环素耐药菌浓度分布发生的变化有所差异。例如，在 50 m 和 100 m 时，Stage Ⅱ 和 Stage Ⅲ 内的四环素耐药菌浓度均有所升高，而 Stage Ⅳ（2.1～3.3 μm）内的浓度有所降低。某个粒径范围内四环素耐药菌浓度的变化，可以导致其动力学粒径的变化，从而影响其整体上在人体呼吸道的沉降位置。

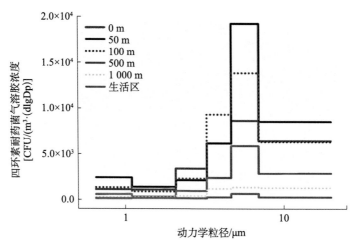

图 3-29　堆肥场及周边空气环境中四环素耐药菌气溶胶的粒径分布

红霉素耐药菌的粒径分布研究结果如图 3-30 所示。与四环素耐药菌类似，最高浓度同样在 Stage Ⅱ（4.7～7.0 μm）检出。这与前期对鸡场，猪场和牛场空气中红霉素耐药菌的粒径分布规律研究结果有所差异（张兰河 等，2016）。养殖场最高浓度的红霉素耐药菌主要分布在 Stage Ⅲ（3.3～4.7 μm）。随着逸散距离的增加，各粒径范围内红霉素耐药菌的浓度也发生变化。在 50 m 处，2 个大粒径范围内的红霉素耐药菌浓度均有所升高，其中 Stage Ⅱ（4.7～7.0 μm）升高至 1.7×10^4 CFU/m³/dlgDp；而小粒径颗粒物负载的红霉素耐药菌浓度均有所降低。在堆肥场 50 m 处，各个粒径范围内的红霉素耐药菌浓度均低于生产区。

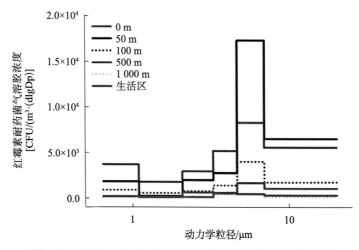

图 3-30　堆肥场及周边空气环境中红霉素耐药菌气溶胶的粒径分布

②堆肥场及周边环境生物气溶胶的空气动力学粒径特点

空气动力学粒径指的是单位密度（1 g/cm³）的球体，在静止空气中做低雷诺数运动时，达到与实际粒子相同的最终沉降速度时的直径（Yamamoto et al.，2012），即将空气中的颗粒粒径换成具有相同空气动力学特性的等效直径。掌握堆肥场空气中耐药菌的动力学粒径将有助于评估其整体在人体呼吸系统中沉降位置。

根据表 3-6 所示，堆肥生产过程中的总细菌、四环素和红霉素耐药菌的动力学粒径范围分别为：4.33～6.12 μm、6.11～6.70 μm 和 4.0～6.12 μm。在堆肥场及周边空气环境中，四环素耐药菌的动力学粒径整体上高于总细菌（$P<0.01$）和红霉素耐药菌（$P<0.05$），说明后两种生物气溶胶进入肺部后其沉降位置更深。根据已报道文献（Xu et al.，2013），在生产区和生活区，所考察的 3 种生物气溶胶均主要沉降在咽部（4.7～7.0 μm）。总细菌在 50 m 和 1 000 m，红霉素耐药菌在 100 m 和 1 000 m 主要沉降在气管和一级支气管中，而不同位置的四环素耐药菌均沉降在上呼吸道的咽部（Xu et al.，2013）。

生物气溶胶的粒径分布受许多生物与非生物因素的影响，如微生物种类、环境中的营养组分以及周边空气的相对湿度等（Wery et al.，2014；Jones et al.，2004）。另外，堆肥场中相当一部分生物气溶胶会以聚合物的形式存在，细菌颗粒与空气中小液滴、灰尘微粒及其他微生物粒子结合，形成成分复杂的聚合物（Brown et al.，2015），这也会对生物气溶胶的粒径造成影响。以上原因可能导致不同粒径内微生物的浓度随着逸散距离发生变化，从而影响其相应的动力学粒径。但本研究并没有检测到 3 种生物气溶胶的空气动力学粒径随距离变化的一致规律。

表 3-6　堆肥场及周边环境生物气溶胶的空气动力学粒径

采样点	总细菌		四环素耐药菌		红霉素耐药菌	
	$d_g/\mu m$	δ_g	$d_g/\mu m$	δ_g	$d_g/\mu m$	δ_g
0 m	5.01	2.44	6.35	2.18	4.80	2.63
50 m	4.45	2.40	6.39	2.17	5.85	2.31
100 m	6.12	2.43	6.40	2.02	4.00	2.72
500 m	5.68	1.90	6.70	2.06	6.12	2.26
1 000 m	4.33	3.00	6.36	2.28	4.66	2.24
生活区	5.92	2.32	6.11	2.27	5.68	2.35

注：d_g 表示空气动力学粒径的几何平均值，δ_g 表示空气动力学粒径的几何标准偏差。

3.2.2　堆肥场大气环境中抗生素耐药基因的丰度和多样性

针对目前堆肥场生物气溶胶中 ARGs 相关研究匮乏这一问题，利用 ddPCR 检测了 4 个规模化堆肥场空气样本中 26 个基因的浓度，包括 16S rRNA 基因、7 个 β- 内酰胺耐药基因、10 个四环素耐药基因、4 个磺胺耐药基因、1 个红霉素耐药基因、2 个 HPBs 的标记基因和Ⅰ类整合子（intl1）。同时，通过 16S rRNA 基因高通量测序分析了空气中细菌的群落结构。本研究旨在表征堆肥场排放的气溶胶中 ARGs 的丰度和多样性，并明确影响 ARGs 传播到周围大气环境的潜在因素。

（1）空气中 ARGs 丰度和多样性的变化规律

所考察的 26 个基因均在堆肥区和包装区的空气样本中检出，办公室和下风向区域分别检出 25 种和 24 种基因。在上风向区域，仅检测到 5 种 ARGs 和 *intl1*（图 3-31）。值得注意的是，*intl1* 在堆肥区、包装区和办公区 3 个采样点的平均浓度普遍高于其他基因。其中，包装区的检出浓度最高，为 $(1.61\pm3.38)\times10^4$ copies/m^3。这可能是由于堆肥结束时 *intl1* 的丰度增加所致（Qian et al.，2016）。作为抗生素耐药性传播的主要参与者之一，*intl1* 普遍广泛分布于土壤、淡水和生物膜中，并存在于 1%～5% 的细菌细胞中（Gillings，2014）。本研究中，*intl1* 在包装区域的大气环境中的丰度高达 $(1.78\pm0.49)\times10^{-2}$ copies/16S rRNA，这提醒相关部门需要对空气中的移动遗传元件展开系统检测，并建立相关的数据集（Gillings，2017）。在包装和堆肥区的空气中检测到的四环素、磺胺和红霉素耐药基因的浓度普遍高于其他种类的 ARGs，这可能是因为它们在牲畜粪便中的普

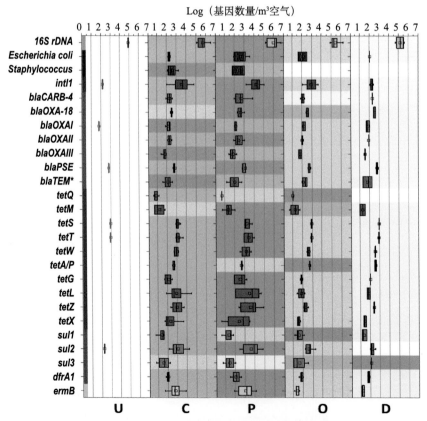

图 3-31　堆肥场各个区域空气中 16S rRNA、ARGs、潜在 HPBs 和 *intl1* 浓度

U：上风向区、C：堆肥区、P：包装区、O：办公区、D：下风向区。

遍存在所导致（Qiao et al.，2018）。同时，以往研究结果表明以上基因在养殖场空气中检出率较高（Gao et al.，2017）。在所有检出的 ARGs 中，四环素耐药基因的相对丰度高达 10^{-2} copies/16S rRNA，*tetS*、*tetT*、*tetW*、*tetL* 和 *tetZ* 是其中的优势亚型，这与以往对动物粪便样品的研究结果相类似（Cheng et al.，2013）。在 7 个 β-内酰胺耐药基因中，*blaPSE* 的浓度最高［（1.16±1.05）×10^3 copies/m³］。在堆肥区和包装区空气中检出两种潜在 HPBs：大肠杆菌和葡萄球菌，但浓度较低（10^2 copies/m³）。在上风向区域未检到潜在 HPBs。

在包装区检测到的细菌浓度最高（基于 16S rRNA 基因），为（9.32±1.97）×10^5 copies/m³，其次是堆肥区［（4.39±1.05）×10^5 copies/m³］、下风向区［（1.47±1.05）×10^5 copies/m³］和上风向区（8.19×10^4 copies/m³）。由于空气中的微生物通常附着在颗粒物的表面，因此，高浓度的颗粒物可能是导致微生物浓度较高的原因（Yamamoto et al.，2012）。研究还分析了目标基因的相对丰度（copies/16S rRNA）。包装区 *intI1*、大肠杆菌、*tetL*、*tetZ* 和 *sul2* 的相对丰度显著高于堆肥区（PERMANOVA，$P<0.05$）和下风向区（PERMANOVA，$P<0.05$）。据报道，堆肥过程不能有效去除某些 ARGs（Wang et al.，2015），有的 ARGs 浓度甚至有所升高（Zhu et al.，2013）。包装区空气中高浓度的 ARGs 说明，在堆肥农田施用过程中，其中的 ARGs 可能会发生逸散，对空气和土壤造成污染（Xie et al.，2016）。

堆肥区空气也受到 25 个基因（2 个 HPBs、*intI1*、22 个 ARGs 亚型）的污染，其中，β-内酰胺耐药基因和葡萄球菌属（*Staphylococcus* spp.）浓度较高。除 *Staphylococcus* spp. 外，所有基因均在办公区空气中检出，其中，*blaOXA-18*、*tetQ*、*tetA/P* 和 *sul1* 的浓度最高（PERMANOVA，$P>0.05$）。在下风向空气中检测到 24 个基因，包括 1 个 HPB、*intI1* 和 21 个 ARGs 亚型（*tetQ* 除外），而在堆肥场上风向的空气中仅检测到 6 个基因，包括 *intI1* 和 5 个 ARGs 亚型，这 5 个 ARGs 亚型和 *intI1* 的浓度在上风向区和下风向区空气中没有显著差异，但浓度均远低于包装区、堆肥区和办公区。已有报道研究结果显示，生物气溶胶浓度通常随着距离的增加而迅速降低（Taha et al.，2005；Wery，2014；Le Goff et al.，2012），当排放距离释放源近 250 m，基本接近空气背景浓度水平，这使很难追踪堆肥场排放至空气中的微生物（Wery，2014）。需要注意的是，虽然 ARGs 的浓度相似，但下风向区比上风向区含有更多种类的 ARGs，这表明 ARGs 多样性指标可能有助于评估 ARGs 在堆肥场下风向的逸散特征。

空气中 ARGs 和 *intI1* 的共现模式和聚类如图 3-32 所示。在包装和堆肥区检测到 ARGs 和 *IntI1* 之间普遍具有共现模式，而在办公区和下风向几乎没有检测到共现现象（图 3-32a）。ARGs 和 *intI1* 在堆肥区和包装区空气中的共现模式可能是因为堆肥中普遍存在的 *intI1* 携带多个 ARGs（Xie et al.，2016）。值得注意的是，*intI1* 在堆肥区与 11 个 ARGs 共现，而在包装区与 16 个 ARGs 共现（图 3-32b）。

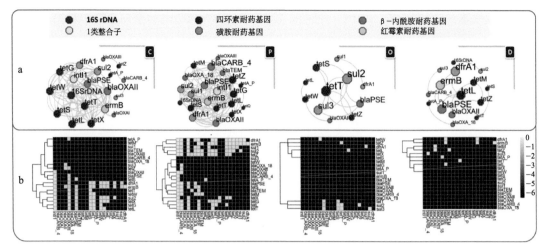

图 3-32　22 个 ARGs 和 *intI1* 在堆肥、包装、办公室和下风向区（C、P、O 和 D）的共现模式

a：网络图表征了 ARGs 共现模式和权重；b：热图为 C、P、O 和 D 中的 ARGs 和 *intI1* 的聚类结果。

为检测不同环境中共有 ARG 亚型，通过计算每个细胞中 22 个 ARG 亚类丰度之间 Spearman 相关性来构建相关矩阵。堆肥区和办公区之间的 ARG 亚型相关性显著高于堆肥区和包装区之间的相关性。堆肥区与办公区之间的 *blaCARB-4*、*blaOXAII*、*blaOXAIII* 和 *tetW* 呈显著相关（$P < 0.01$），堆肥区与下风向区空气中，仅 *tetQ* 呈显著相关（$P < 0.01$）。堆肥区和包装区之间没有发现相同 ARG 亚型的显著相关性。因此，这些结果表明，办公区的 ARGs 很可能来自堆肥区，而 ARGs 在堆肥区和包装区之间的传输更为复杂。

（2）空气中细菌的多样性和潜在 HPBs 的相对丰度

堆肥场不同区域空气中细菌（包括 10 个潜在 HPBs）的多样性和相对丰度如图 3-33 所示。根据 OTU 和 Shannon 指数，堆肥区和包装区的细菌丰度和多样性显著高于办公区和下风向区，而堆肥区和包装区、办公区和下风向区之间没有显着差异。所研究区域空气细菌群落主要由 5 个优势门组成：厚壁菌门（Firmicutes）（16.27%～39.97%）、变形菌门（Proteobacteria）（19.89%～29.74%）、拟杆菌门（Bacteroidetes）（10.20%～19.76%）、绿弯菌门（Chloroflexi）（6.08%～17.73%）和放线菌门（Actinobacteria）（6.93%～13.21%）。Firmicutes 和 Proteobacteria 分别是堆肥场内（C、P 和 O）和厂外（U 和 D）丰度最高的菌门。Actinobacteria 是一种可产生抗生素的细菌门，通常表现出多重耐药性（Su et al.，2015）。空气中的 Actinobacteria 在堆肥区（10.94±00.47）% 和包装区（11.25±1.22）% 高于办公区（9.57%±1.28%，PERMANOVA，$P < 0.01$）和下风向区（8.05%±0.47%，PERMANOVA，$P < 0.01$）。据报道，Firmicutes、Proteobacteria、Bacteroidetes 和 Actinobacteria 是猪场（Hong et al.，2012）和家禽养殖场（Gao et al.，2017）空气和堆肥原料（Qian et al.，2016）中的主要细菌门。由于孢子容易在空气中传播，所以，能够包含产孢子菌属的 Firmicutes 和 Actinobacteria 在气溶胶化过程中具有选择优势（Wery，2014）。Proteobacteria 是 ARGs 的

另一个重要宿主（Hu et al., 2013；Qian et al., 2016），据报道，堆肥后它们的丰度从原材料中的 34% 下降到 11%~27%（Qian et al., 2016）。然而，在本研究中的堆肥区和包装区空气样本中没有发现这种下降趋势。

利用基于 Bray-Curtis 距离算法的 NMDS 对细菌组成进行分析，结果如图 3-33c 所示。在堆肥相关区域（C 和 P）和其他区域（O、U 和 D）之间也检测到了细菌群落组成的差异（Adonis 检验，P=0.019 9）。细菌群落中部分菌属相对丰度的差异可能导致了不同采样点细菌群落组成的差异。例如，图 3-33c 中显示聚类簇Ⅰ、Ⅱ和Ⅲ导致了 C 和 P 之间的细菌群落的差异。LEfSe 是一种用于发现和解释生物标志物的算法（Yang et al., 2014），用于识别所表征采样位置之间差异的特征属。嗜热细菌被认为是监测堆肥场周围大气环境污染特征的潜在指标（Wery, 2014）。尽管在堆肥生物气溶胶的相关研究结果显示，与背景相比，空气中嗜温细菌的浓度更高（Fischer et al., 2008；Wery, 2014）。在本研究中，嗜热菌属主要限于堆肥区和包装区，在下风向仅检测到高温双歧菌（*Thermobifida*）。这表明，除了嗜温细菌外，未来的研究还应监测其他指标，如细菌群落、ARGs 和 HPBs，以确保有效和完整地跟踪堆肥场逸散生物气溶胶的传输。其中，10 个 HPBs 的分布特征具有区域特异性，这可能导致了 HPBs 图谱在不同区域的显著差异（NMDS，Adonis 检验，P=0.009 95）。根据图 3-33b 和 c，不动杆菌（*Acinetobacter*）、葡萄球菌（*Staphylococcus*）

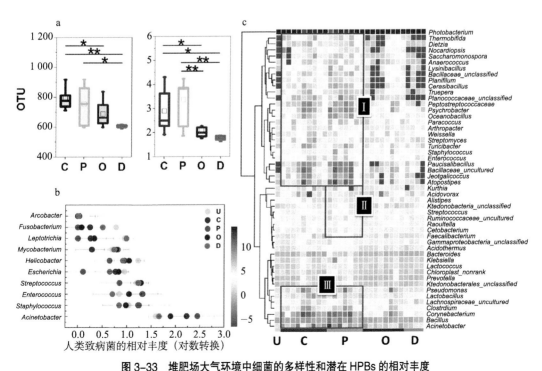

图 3-33　堆肥场大气环境中细菌的多样性和潜在 HPBs 的相对丰度

a：细菌 OTUs 和 Shannon 指数（*P<0.05，**P<0.01）；b：潜在 HPBs 的相对丰度；c：来自 U、C、P、O 和 D 的 50 个优势细菌属的相对丰度。

和肠球菌（*Enterococcus*）等优势 HPBs 主要分布在堆肥区和包装区。虽然堆肥被认为是消减 HPBs 的有效方法，但从堆肥区到包装区，空气中的 HPBs 未发现降低趋势。

（3）ARGs 与细菌组成的相关性

细菌群落被认为是影响土壤中 ARGs 分布和丰度的关键驱动因素之一（Forsberg et al.，2014）。此外，在牛粪（Qian et al.，2016）和污泥（Su et al.，2015）堆肥过程中 ARGs 的变化也与细菌群落组成密切相关。为了确定 4 个采样点气溶胶中 ARGs 的差异是否由细菌群落驱动，使用 Procrustes 分析了两者间的相关性（图 3-34）。在堆肥生产区（Procrustes 分析，$P < 0.001$；Mantel 测试，$P < 0.01$）和包装区（Procrustes 分析，$P < 0.01$；Mantel 测试，$P < 0.05$）中检测到 ARGs 与细菌组成之间的强相关性，但在办公区和下风向中没有发现这种趋势。考虑到 *intI1* 和 ARGs 之间没有显著的相关性，办公区和下风向区的 ARGs 的可能没有受到基因水平转移的影响。有研究表明，细胞外 DNA 是一种普遍存在的物质，在微生物群落中发挥着重要的生物学作用（Vlassov et al.，2007）。在土壤、沉积物和畜禽粪污的细胞外 DNA 中检测到 ARGs，每克干污泥含有 1.7×10^3 至 4.2×10^8 个细胞外 ARGs Copies（Zhang et al.，2013b）。由于细菌 DNA 可能存在于空气中，也被认为是生物气溶胶，因此，来自堆肥区和包装区的胞外 ARGs 片段可能影响 ARGs 组成，导致细菌群落和 ARGs 之间缺乏相关性。

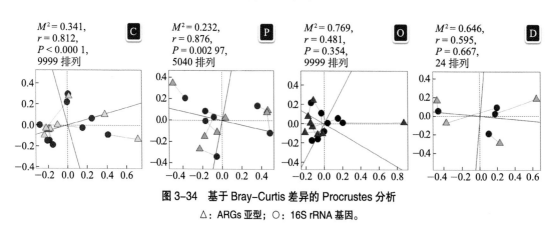

图 3-34 基于 Bray-Curtis 差异的 Procrustes 分析

△: ARGs 亚型；○: 16S rRNA 基因。

为确定微生物的多耐药特性（MDR），以及 ARGs 在微生物类群之间潜在传播的可能性，在堆肥区、包装区、办公区和下风向区 40 个优势细菌属、ARGs 和 *intI1* 的共现和聚类模式（图 3-36）。在堆肥区，23 个 ARGs 和 *intI1* 中有 18 个与 38 个优势菌属显著呈正相关（图 3-36c）。80%（32/40）优势菌属与至少 2 个 ARGs 和 *intI1* 呈显著正相关，52.5%（21/40）的优势菌属与至少 11 个 ARGs 呈显著正相关，包括 6 个四环素 ARGs（*tetW*、*texT*、*tetS*、*tetT*、*tetG* 和 *tetL*），2 个 β- 内酰胺 ARGs（*blaOXAII* 和 *blaPSE*）、2 个磺胺 ARGs（*sul2* 和 *dfrA1*）、1 个红霉素 ARG（*ermB*）以及 *intI1*。在包装区空气中，较少的属

（18）与较多的 ARGs（22）呈正相关，而一些菌属可能携带 12~17 个 ARGs 和 *intl1*，且具有多重耐药性。办公区空气中有 36 个菌属与 12 个 ARGs 呈正相关，其中一半以上菌属含有 4~6 个 ARGs。虽然在下风向检测到 22 个 ARGs，但只有 11 个 ARGs（其中 7 个含有 3 个 ARGs）与 13 个优势菌属呈正相关。根据图 3-33C 中的权重和聚类模式中堆肥区和下风向区之间共有的 ARGs，我们推断来自堆肥区和包装区的 ARGs 被传输至下风向 250 m 外。

为了评估与 ARGs 相关的风险，通过 Procrustes 分析了 4 个采样点中 10 种潜在 HPBs 与 22 个 ARGs 亚型的相关性（图 3-35）。与细菌和 ARGs 丰度的分布模式相似，尽管堆肥区与包装区的潜在 HPBs 基本相似（与办公室、下风区和上风向区的相似性依次递减），但这 4 个采样点位之间存在明显差异。如图 3-36 所示，仅在堆肥区检测到潜在 HPBs 和 22 个 ARGs 亚型之间的显著相关性（Procrustes 分析，$P<0.001$；Mantel 测试，$P<0.05$）。

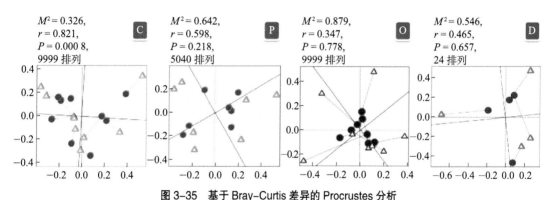

图 3-35　基于 Bray-Curtis 差异的 Procrustes 分析

△：ARGs 亚型；○：16S rRNA 基因）（△：ARGs；○：HPBs。

3.2.3　堆肥场空气中的抗生素、抗生素耐药性和致病菌的暴露风险

空气中 AMR 的风险评估不应局限于 ARGs 的浓度，还需要考虑其转移到 HPBs 的能力以及与化学物质共存时的协同效应。例如，使用 MGEs 解释 ARGs 向 HPBs 发生的潜在水平基因转移（HGT）事件被认为对于阐明堆肥场空气中 AMR 潜在风险的关键（Xin et al., 2022；Zhu et al., 2019）。尽管生物气溶胶已被证实与一系列呼吸系统疾病有关，包括哮喘、胸闷和各种肺部疾病（Guo et al., 2018；Yang et al., 2021），但对空气中多种生物和非生物污染物的联合分析仍然相对少见。考虑到抗生素将为环境中致病微生物获得耐药性提供选择性压力（Sun et al., 2022；Xu et al., 2016b），评估抗生素、ARGs 和 HPBs 之间的协同关系非常重要，特别是考虑到它们可能通过呼吸同时沉积在人类呼吸系统中。

为了理解堆肥场空气中 AMR 潜在的暴露风险，于 2021 年采集了山东 1 个商品有机肥场的堆肥和空气样品，测定了抗生素浓度，并分析了 ARGs 和 HPBs 的丰度，系统研究

研究了空气和堆肥堆中 AMR 元素的污染状况。具体目标是：①基于其浓度、多样性和组成，表征堆肥过程中涉及抗生素、ARGs 和 HPBs 的抗生素耐药性污染状况；②阐明源排放对堆肥场空气中 AMR 流行的影响；③整合抗生素与 AMR 元素之间的共生关系及其日常吸入剂量，评估与堆肥场空气 AMR 相关的潜在暴露风险。

（1）抗生素、ARGs 和人类条件致病菌的分布特征

分析了堆肥场堆肥和空气中抗生素、ARGs 和 HPBs 的浓度（图 3-36）。在 15 种目标抗生素中，堆肥和空气样本中检测到 4 种四环素类抗生素（四环素 TC、土霉素 OTC、金霉素 CTC 和强力霉素 DOC）和 2 种喹诺酮类抗生素（环丙沙星 CIP 和诺氟沙星 NOR）。来自堆肥车间内和车间外空气样本抗生素的平均浓度分别为（437.1±350.6）ng/g 和（397.6±175.7）ng/g，明显高于堆肥样本［（261.1±182.9）ng/g］（图 3-36a）。所有空气样本中检测到的 DOX 最高［（693.7±270.4）ng/g］。本研究中，堆肥场空气中四环素类抗生素的浓度与牛饲料车间的 PM2.5（Mceachran et al.，2015）和养猪场的灰尘（Hamscher et al.，2003）中的浓度相当，但远高于城市建筑室内（Hartmann et al.，2016）和郊区（Ferrey et al.，2018）等环境中的浓度。

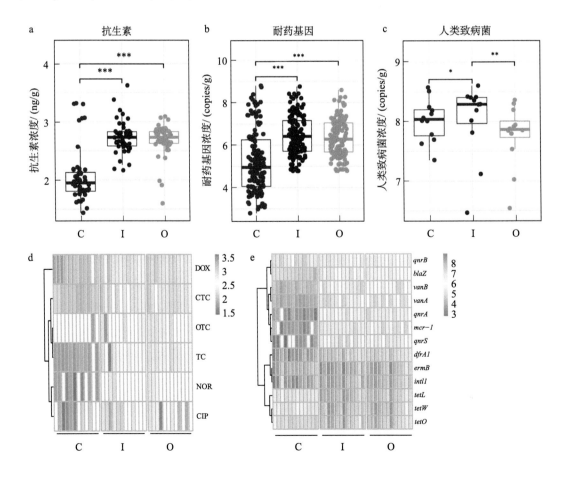

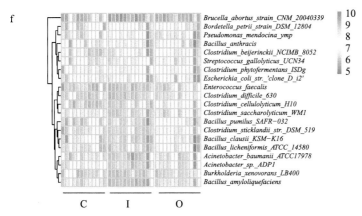

图 3-36　堆肥与空气中抗生素 (a)、ARGs(b) 和 HPBs(c) 的浓度 (log10 转换)

d~f：显示每种抗生素、ARGs 和 HPBs 浓度热图；C：堆肥，I：室内空气，O：室外空气。

尽管空气中抗生素的总体浓度明显高于堆肥中的浓度（$P < 0.05$），但两种介质中的主要抗生素种类并不完全相同，这可能是由于抗生素的不同性质及其逸散到空气中的能力不同（Ferrey et al., 2018）。受水溶性等物理和化学性质的影响，不同类型的抗生素在稳态条件下表现出不同的多介质分布特征（Li et al., 2024）。NOR 表现出优异的水溶性，其值高达 178 000 mg/L。这种高溶解度明显超过了 TC（231 mg/L）和 CTC（630 mg/L）这两种四环素类抗生素。四环素相对较低的水溶性可能会损害其在堆体中的稳定性，从而增加其气溶胶化和随后在空气中传播的可能性。

使用 ddPCR 对编码 7 类抗生素耐药性的 12 种 ARGs 亚型的浓度进行定量，所有亚型几乎都在空气和堆肥样本中检测到（图 3-36b）。堆肥车间内外空气中 ARGs 的浓度分别为（2.71 ± 1.64）$\times 10^7$ copies/g 和（1.66 ± 1.34）$\times 10^7$ copies/g，均显著高于堆体的浓度 [（1.60 ± 0.84）$\times 10^5$ copies/g]。*ermB* 是堆肥车间内 [（1.29 ± 0.66）$\times 10^8$ copies/g] 和车间外 [（7.26 ± 0.11）$\times 10^7$ copies/g] 的空气样本中浓度最高的 ARGs，而 *vanB* [（4.23 ± 1.43）$\times 10^5$ copies/g] 和 *vanA* [（2.19 ± 1.28）$\times 10^6$ copies/g] 的浓度最低。以上 3 种 ARGs 均被定义为 I 级高风险 ARGs（已经存在于 ESKAPE 病原体中）（Zhang et al., 2021），并且在堆体中也被检测到。此外，在堆体和空气样本中均检测到编码对黏菌素（最后一道防线）耐药性的基因 *mcr-1* [（4.89 ± 6.55）$\times 10^1$ copies/m^3]。

堆体样本中细菌的浓度范围为（2.42×10^9）～（2.14×10^{10}）copies/g。堆肥车间内空气细菌的平均浓度 [（1.01 ± 0.66）$\times 10^{10}$ copies/g] 显著高于堆体（$P < 0.05$），并且也高于车间外的空气样本 [（5.10 ± 4.03）$\times 10^9$ copies/g]（$P < 0.01$）。基于序列比对进一步分析了人类潜在致病菌（HPBs），在所有样本中共鉴定出 57 种 HPBs。堆肥中 HPBs 的浓度为（1.38 ± 1.10）$\times 10^8$ copies/g，显著低于堆肥车间内空气中的 HPBs [（1.77 ± 1.16）$\times 10^8$ copies/g]（$P < 0.05$）（图 3-36c）。

图 3-36f 的热图中显示了浓度前 20 位的 HPBs，并根据其丰度进行聚类分析。在堆体和空气样本中，牛布氏杆菌（*Brucella abortus*）是最丰富的 HPBs，在整个高温阶段保持高浓度水平，其在空气中的浓度始终高于堆体中的浓度。*Brucella abortus* 是一种全球重要的人畜共患致病菌，主要见于牛类宿主，通常通过受污染的乳制品或接触传播给人类。布鲁氏菌感染有可能引发持续性发热、肌肉骨骼功能障碍，并可能发展为严重的并发症，包括心内膜炎、脑膜炎和血管炎（Aliyev et al.，2022）。此外，鲍曼不动杆菌（*Acinetobacter baumannii*）和解淀粉芽孢杆菌（*Bacillus amyloliquefaciens*）也是空气中主要的 HPBs，其浓度随堆肥过程呈下降趋势。值得注意的是，在本研究中，堆肥场空气中检测到的 *Acinetobacter baumannii* 丰度 [（6.51 ± 1.15）$\times 10^8$ copies/g] 高于人体皮肤（Li et al.，2022）和医院空气（Li et al.，2019）。

（2）空气传播的抗生素、耐药基因和人类致病菌的潜在健康风险

根据图 3-37a，空气样本（车间内外）中目标元素之间的边缘总数高于堆体。ARG-HPBs 之间的相关性最为显著，其次是 ARGs- 抗生素、抗生素 -HPBs，以及 ARGs-MGEs。空气样本中与 ARGs 共现的 HPBs 数量高于堆肥样本。空气中的 *Acinetobacter baumanii* 和粪肠球菌（*Enterococcus faecalis*）分别是 6 种和 7 种 ARGs 的潜在宿主（图 3-37b 和 c），这些基因大多被归类为高风险 ARGs，包括 *tetL*、*ermB*、*qnrA*、*drfA1* 和 *mcr-1* 等（Zhang et al.，2021）。*Acinetobacter baumanii* 是一种在临床环境中广泛分布的条件致病菌，对多种抗生素具有抗性。由于它对热、湿度、紫外线和化学消毒剂具有很

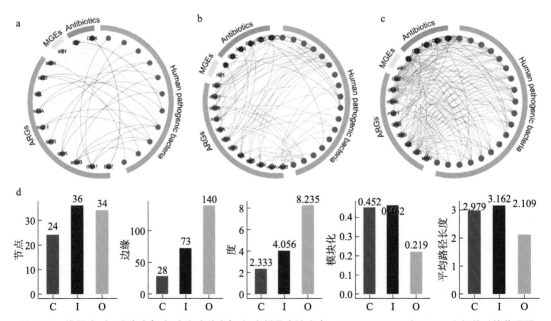

图 3-37　堆肥（a）、室内空气（b）和室外空气（c）样品中抗生素、ARGs、MGEs 和 HPBs 之间关系的共现网络；（d）堆肥和空气网络的网络属性（节点、边缘、度、模块化和平均路径长度）

强的抵抗力，可以在环境中长时间存活，增加了感染控制的难度，死亡率可能接近 60%（Harding et al.，2018）。此外，*Enterococcus faecalis* 可引起包括尿路感染、菌血症、心内膜炎和脑膜炎在内的多种感染（Zhang et al.，2015）。

值得注意的是，空气样本还发现了 *Enterococcus faecalis* 和 *Brucella abortus* 等致病菌与 *vanA*、*vanB* 和 *mcr-1* 共现。人类致病菌（HPBs）和 ARGs 的协同暴露可能导致传统抗生素治疗策略的崩溃，对工人和周边居民的健康构成更大的威胁。世界卫生组织的报告支持这一假设，表明与非耐药性肺炎相比，多重耐药性肺炎的治疗过程更长、更难以治愈且成本更高（Kett et al.，2011）。

ARGs 与抗生素在空气中的共现率远高于堆肥中。堆肥车间内空气样本的喹诺酮类耐药基因（*qnrB*）与喹诺酮类抗生素（NOR 和 CIP）呈正相关。这表明抗生素残留在相关耐药基因的分布中起着至关重要的作用，这种现象也可能存在于空气中（Xu et al.，2016b）。同时，在空气环境中（图 3-37b 和 c），编码 β-内酰胺类抗生素（*blaZ*）耐药性的基因与四环素类药物（DOX、OTC 和 TC）呈正相关，编码喹诺酮类药物耐药性的基因（*qnrB*）与四环素类抗生素（TC 和 OTC）正相关，而与喹诺酮类药物不相关。抗生素与相应 ARGs 之间不对应的现象表明，空气中包含的其他污染物，如重金属离子，可能导致抗性的共同选择和交叉选择，正如先前在废水和污泥中报道的那样（Huang et al.，2019）。同样，*Intl1* 与空气样本中的四环素（TC 和 OTC）和 *tet* 基因（*tetL* 和 *tetW*）呈正相关，表明抗生素施加的选择压力可以促进由 *intl1* 介导的 ARGs 转移。此外，在车间内（共现边数为 12）和车间外（共现边数为 20）空气中，抗生素和 HPBs 之间的共现性远高于堆体（共现边数为 1）中。此外，进一步探索了共现网络的主要拓扑特征，结果显示，空气样本的节点数、边数和平均度数高于堆体。空气中抗生素的选择压力可能对 ARGs 的存在及其向 HPBs 的转移有重要影响。这三组污染物之间的复杂关系进一步说明了抗生素在空气 AMR 风险评估中不可或缺的作用。

为了评估堆肥场中抗生素和 ARGs 暴露对人类的潜在健康风险，分别计算了成年男性和女性呼吸吸入抗生素、ARGs 和 HPBs 的暴露剂量。对于抗生素的平均暴露剂量（图 3-38a），堆肥车间的男性吸入暴露量为 $(1.23\pm0.75)\times10^{-2}$ ng/（d·kg），女性为 $(1.01\pm0.75)\times10^{-2}$ ng/（d·kg），均略高于外部空气样本。尽管与通过饮用水摄入的剂量［$1.98\sim2.2$ ng/（d·kg）］相比，吸入剂量相对较低，但长期暴露于亚治疗水平的各种抗生素将为抗生素耐药性的产生提供选择压力。堆肥车间内外 HPBs 的暴露剂量分别为 $(2.54\pm1.55)\times10^{3}$ copies/（d·kg）和 $(8.34\pm7.8)\times10^{2}$ copies/（d·kg）（图 3-38c）。值得注意的是，*Brucella abortus* 和 *Acinetobacter baumannii* 的最高暴露剂量超过了 10^{4} copies/（d·kg），而 *Enterococcus faecium* 的平均暴露剂量也达到了 $(2.09\pm1.68)\times10^{3}$ copies/（d·kg）。

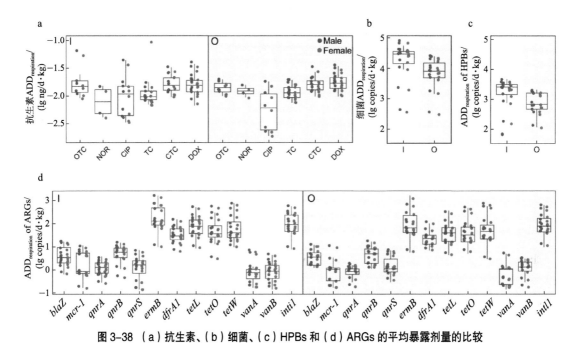

图3-38 （a）抗生素、（b）细菌、（c）HPBs和（d）ARGs的平均暴露剂量的比较

在堆肥车间的 *ermB* 的暴露量最高（图3-38d），平均值为（3.63±4.66）×10^2 copies/（d·kg）。四环素耐药基因（*tetL*、*tetO* 和 *tetW*）也检测到类似的暴露水平，为 10^2 copies/（d·kg）。值得注意的是，*intI1* 的暴露量高达 10^2 copies/（d·kg）。图3-38 结果表明，*intI1* 可能与各种 ARGs 和 HPBs 共存。通过吸入暴露进入人体系统后，*intI1* 可以为呼吸系统中涉及本地和外来遗传因素的遗传传播提供充足的机会，从而导致更高的暴露风险（Xin et al.，2022）。先前的研究表明，通过饮用水和蔬菜摄入的 ARGs 和 HPBs 的数量与从空气中吸入的颗粒物相当（Xie et al.，2019）。总体而言，本研究中吸入 ARGs 的暴露量与医院相当（Wang et al.，2019b）。本研究通过同时暴露于多种物质说明了堆肥场的职业健康风险，为相关空气环境中抗生素耐药性的风险评估提供了参考。

参考文献

段会勇，朱永红，梁岩，2013. 牛舍内微生物气溶胶含量检测 [J]. 疾病防控，33（3）：47-51.

高敏，仇天雷，贾瑞志，等，2014. 北京雾霾天气生物气溶胶浓度和粒径特征 [J]. 环境科学，35（12），4415-4421.

高敏，贾瑞志，仇天雷，等，2015a. 畜禽养殖中逸散生物气溶胶特征的研究进展 [J]. 生态与农村环境学报，31（1）：12-21.

高敏，贾瑞志，仇天雷，等，2015b. 集约化养鸡场空气环境中生物气溶胶特点研究 [J]. 农业环境科学学报，34（4）：787-794.

李基棕，高颖，杜海燕，等，2010. 规模化养猪场环境细菌的调查与分析 [J]. 中国畜牧兽医，37（8）：199-202.

柳敦江，2012. 养鸡场舍环境携带耐药基因的金黄色葡萄球菌的气溶胶形成及传播研究 [D]. 泰安：山东农业大学，1-75.

姚美玲，张彬，柴同杰，2007. 鸡兔舍耐药大肠杆菌气溶胶向环境扩散的研究 [J]. 西北农林科技大学学报：自然科学版，35（8）：60-64.

袁文，2010. 猪舍环境气载需氧菌的检测及大肠杆菌气溶胶的发生与传播 [D]. 泰安：山东农业大学.

张兰河，贺雨伟，陈默，等，2016. 畜禽养殖场空气中可培养抗生素耐药菌污染特点研究 [J]. 环境科学，37（12）：4531-4537.

Aires-De-Sousa, M, 2017. Methicillin-resistant Staphylococcus aureus among animals: current overview[J]. Clinical Microbiology and Infection, 23: 373-380.

Aliyev J, Alakbarova M, Garayusifova A, et al., 2022. Identification and molecular characterization of Brucella abortus and Brucella melitensis isolated from milk in cattle in azerbaijan[J]. BMC Veterinary Research, 18(1): 71.

Allen H K, Donato J, Wang H H, et al., 2010. Call of the wild: antibiotic resistance genes in natural environments[J]. Nature Reviews Microbiology, 8(4): 251-259.

Bai H, He L Y, Wu D L, et al., 2022. Spread of airborne antibiotic resistance from animal farms to the environment: dispersal pattern and exposure risk[J]. Environment International, 158: 106-927.

Bassetti M, Nicco E, Mikulska M, 2009. Why is community-associated MRSA spreading across the world and how will it change clinical practice[J]. International Journal of Antimicrobial Agents, 34: S15-S19.

Berge A C, Atwill E R, Sischo W M, 2005. Animal and farm influences on the dynamics of antibiotic resistance in faecal Escherichia coli in young dairy calves[J]. Preventive Veterinary Medicine, 69(1-2): 25-38.

Brooks J P, McLaughlin M R, Scheffler B, et al., 2010. Microbial and antibiotic resistant constituents associated with biological aerosols and poultry litter within a commercial poultry house[J]. Science of the total Environment, 408(20): 4770-4777.

Brown G, Mohr A, 2015. Fate and transport of microorganisms in air//Yates M, Nakatsu C, Miller R, et al. Manual of Environmental Microbiology[M]. 4th Edition. Washington, DC: ASM Press.

Cao C, Jiang W, Wang B, et al., 2014. Inhalable microorganisms in beijing's PM2.5 and PM10 pollutants during a severe smog event[J]. Environment Science Technology, 48(3): 1499-1507.

Chapin A, Rule A, Gibson K, et al., 2005. Airborne multidrug-resistant bacteria isolated from a concentrated swine feeding operation[J]. Environment Health Perspect, 113: 137-142.

Cheng W, Chen H, Su C, et al., 2013. Abundance and persistence of antibiotic resistance genes in livestock farms: a comprehensive investigation in eastern China[J]. Environment International, 61: 1-7.

de Rooij M M T, Hoek G, Schmitt H, et al., 2019. Insights into livestock-related microbial concentrations in air at residential level in a livestock dense area[J]. Environment Science Technology, 53: 7746-7758.

Environment Agency, 2010. Composting and potential health effects from bioaerosols: Our interim guidance for permit applicants[M]. UK: Environment Agency.

Environment Agency, 2001. Health Effects of composting. A study of three compost sites and review of past data[M]. UK: Environment Agency.

Fang Z, Ouyang Z, Zheng H, et al., 2008. Concentration and Size Distribution of Culturable Airborne Microorganisms in Outdoor Environments in Beijing, China[J]. Aerosol Science and Technology, 42(5): 325-334.

Ferrey M L, Coreen Hamilton M, Backe W J, et al., 2018. Pharmaceuticals and other anthropogenic chemicals in atmospheric particulates and precipitation[J]. Science of the total Environment, 612: 1488-1497.

Fischer G, Albrecht A, Jäckel U, et al., 2008. Analysis of airborne microorganisms, MVOC and odour in the surrounding of composting facilities and implications for future investigations[J]. International Journal of Hygiene & Environmental Health, 211(1):132-142.

Forsberg K J, Patel S, Gibson M K, et al., 2014. Bacterial phylogeny structures soil resistomes across habitats[J]. Nature, 509(7502): 612-616.

Friese A, Schulz J, Hoehle L, et al., 2012. Occurrence of MRSA in air and housing environment of pig barns[J]. Veterinary Microbiology, 158: 129-135.

Fröhlich-Nowoisky J, Kampf C J, Weber B, et al., 2016. Bioaerosols in the earth system: climate, health, and ecosystem interactions[J]. Atmospheric Research, 182: 346-376.

Gao M, Yan X, Qiu T, et al., 2016. Variation of correlations between factors and culturable airborne bacteria and fungi[J]. Atmospheric Environment, 128: 10-19.

Gao M, Jia R, Qiu T, et al., 2017. Size-related bacterial diversity and tetracycline resistance gene abundance in the air of concentrated poultry feeding operations[J]. Environment Pollution, 220:1342-1348.

Gao M, Qiu T, Sun Y, et al., 2018. The abundance and diversity of antibiotic resistance genes in the atmospheric environment of composting plants[J]. Environment International, 116: 229-238.

Gao M, Zhang X, Yue Y, et al., 2022. Air path of antimicrobial resistance related genes from layer farms: emission inventory, atmospheric transport, and human exposure[J]. Journal of Hazardous Materials, 430: 128417.

Gillings M R, 2014. Integrons: Past, Present, and Future[J]. Microbiology and Moleallar Biology Reviews, 78(2): 257-277.

Gillings M R, 2017. Class 1 integrons as invasive species[J]. Current Opinion in Microbiology, 38: 10-15.

Guo C, Zhang Z, Lau A K H, et al., 2018. Effect of long-term exposure to fine particulate matter on lung function decline and risk of chronic obstructive pulmonary disease in Taiwan: a longitudinal, cohort study[J]. Lancet Planetary Health, 2(3): E114-E125.

Hamscher G, Pawelzick H T, Sczesny S, et al., 2003. Antibiotics in dust originating from a pig-fattening farm: a new source of health hazard for farmers[J]. Environmental Health Perspectives, 111(13): 1590-1594.

Hartmann E M, Hickey R, Hsu T, et al., 2016. Antimicrobial chemicals are associated with elevated antibiotic resistance genes in the indoor dust microbiome[J]. Environment Science Technology, 50(18): 9807-9815.

He P, Wei S, Shao L, et al., 2019. Aerosolization behavior of prokaryotes and fungi during composting of vegetable waste[J]. Waste Manage, 89: 103-113.

Henseler J, Sarstedt M, 2013. Goodness-of-fit indices for partial least squares path modeling[J]. Computation

Stat, 28(2): 565-580.

Herr C E W, Nieden A Z, Jankofsky M, et al., 2003. Effects of bioaerosol polluted outdoor air on airways of residents: a cross sectional study[J]. Occupational & Environmental Medicine, 60(5): 336-342.

Hong P Y, Li X, Yang X, et al., 2012. Monitoring airborne biotic contaminants in the indoor environment of pig and poultry confinement buildings[J]. Environmental Microbiology, 14(6): 1420-1431.

Hristov A N, Hanigan M, Cole A, et al., 2011. Review: ammonia emissions from dairy farms and beef feedlots1[J]. Canadian Journal of Animal Science, 91(1): 1-35.

Hu Y, Yang X, Qin J, et al., 2013. Metagenome-wide analysis of antibiotic resistance genes in a large cohort of human gut microbiota[J]. Nature Communication, 4: 2151.

Huang Y, Liu Y, Du P, et al., 2019. Occurrence and distribution of antibiotics and antibiotic resistant genes in water and sediments of urban rivers with black-odor water in Guangzhou, South China[J]. Science of the total Environment, 670: 170-180.

Jett B D, Huycke M M, Gilmore M S, 1994. Virulence of enterococci[J]. Clinical Microbiology Reviews, 7: 462-478.

Jin L, Xie J W, He T T, et al., 2022. Airborne transmission as an integral environmental dimension of antimicrobial resistance through the "One Health" lens[J]. Critical Reviews In Environment Science and Technology, 52: 4172-4193.

Jones A M, Harrison R M, 2004. The effects of meteorological factors on atmospheric bioaerosol concentrations: A review[J]. Science of the total Environment, 326(1-3):151-180.

Just N A, Letourneau V, Kirychuk S P, et al., 2012. Potentially pathogenic bacteria and antimicrobial resistance in bioaerosols from cage-housed and floor-housed poultry operations[J]. Annals of Occupational Hygiene, 56(4): 440-449.

Kahl-McDonagh M M, Arenas-Gamboa A M, Ficht T A, 2007. Aerosol infection of balb/c mice with Brucella melitensis and Brucella abortus and protective efficacy against aerosol challenge[J]. Infection and Immunity, 75(10): 4923-4932.

Khan H, Miao X, Liu M, et al., 2020. Behavior of last resort antibiotic resistance genes(mcr-1 and blaNDM-1) in a drinking water supply system and their possible acquisition by the mouse gut flora[J]. Environmental Pollution, 259: 113818.

Kumari P, Choi H L, 2014. Seasonal variability in airborne biotic contaminants in swine confinement buildings[J]. Plos One, 9(11): e112897.

Létourneau V, Nehmé B, Mériaux A, et al., 2010. Human pathogens and tetracycline-resistant bacteria in bioaerosols of swine confinement buildings and in nasal flora of hog producers[J]. International Journal of Hygiene and Environmental Health, 213(6): 444-449.

Li H, Zhou X Y, Yang X R, et al., 2019. Spatial and seasonal variation of the airborne microbiome in a rapidly developing city of China[J]. Science of the total Environment, 665: 61-68.

Li H, Zhou S, Neilson R, et al., 2022. Skin microbiota interact with microbes on office surfaces[J]. Environment Internatiional, 168: 107493.

Li J, Cao J J, Zhu Y G, et al., 2018. Global survey of antibiotic resistance genes in air[J]. Environment Science & Technology, 52: 10975-10984.

Li S, Zhu Y, Zhong G, et al., 2024. Comprehensive Assessment of Environmental Emissions, Fate, and Risks of Veterinary Antibiotics in China: An Environmental Fate Modeling Approach[J]. Environment Science Technology, 58(12): 5534-5547.

Li Y Y, Liao H K, Yao H Y, 2019. Prevalence of antibiotic resistance genes in air-conditioning systems in hospitals, farms, and residences[J]. International Journal of Environment Research And Public Health, 16: 683.

Ling A L, Pace N R, Hernandez M T, et al., 2013. Tetracycline resistance and Class 1 integron genes associated with indoor and outdoor aerosols[J]. Environmental Science & Technology, 47(9): 4046-4052.

Liu H, Zhang X, Zhang H, et al., 2018. Effect of air pollution on the total bacteria and pathogenic bacteria in different sizes of particulate matter[J]. Environment Pollution, 233: 483-493.

Liu Y, Wang Y, Walsh T R, et al., 2016. Emergence of plasmid-mediated colistin resistance mechanism MCR-1 in animals and human beings in China: a microbiological and molecular biological study[J]. The Lancet Infectious Diseases, 16(2): 161-168.

Lu F, Hu T, Wei S, et al., 2021. Bioaerosolization behavior along sewage sludge biostabilization[J]. Frontiers of Environmental Science & Engineering, 15: 151-164.

Luiken R E C, Van Gompel L, Bossers A, et al., 2020. Farm dust resistomes and bacterial microbiomes in European poultry and pig farms[J]. Environment International, 143:105971.

Magill S S, O'Leary E, Janelle S J, et al., 2018. Changes in prevalence of health care-associated infections in U.S. hospitals[J]. New England Journal of Medicine, 379(18): 1732-1744.

Mceachran A D, Blackwell B R, Hanson J D, et al., 2015. Antibiotics, bacteria, and antibiotic resistance genes: aerial transport from cattle feed yards via particulate matter[J]. Environment Health Perspect, 123: 337-343.

Moletta M, Delgenes J, and Godon J, 2007. Differences in the aerosolization behavior of microorganisms as revealed through their transport by biogas[J]. Science of the total Environment, 379: 75-88.

Moletta M, Bru-Adan V, Delgenes J, et al., 2010. Selective microbial aerosolization in biogas demonstrated by quantitative PCR[J]. Bioresource Technology, 101(19): 7252-7257.

Munk P, Knudsen B E, Lukjancenko O, et al., 2018. Abundance and diversity of the faecal resistome in slaughter pigs and broilers in nine European countries[J]. Nature Microbiology, 3: 898-908.

Nguyen N, Luu Y, Hoang T D, et al., 2021. An epidemiological study of Streptococcus suis prevalence among swine at industrial swine farms in northern Vietnam[J]. One Health, 13: 100254.

Nikaeen M H, Mirhendi M, Hatamzadeh E, et al., 2009. Bioaerosol emissions from composting facilities as a potential health risk for composting workers[J]. Ecosystems and Development, 55: 27-29.

Pal C, Bengtsson-Palme J, Kristiansson E, et al., 2016. The structure and diversity of human, animal and environmental resistomes[J]. Microbiome, 4: 54.

Pankhurst L J, Akeel U, Hewson C, et al., 2011. Understanding and mitigating the challenge of bioaerosol emissions from urban community composting[J]. Atmospheric Environment, 45(1): 85-93.

Parker B C, Ford M A, Gruft H, et al., 1983. Epidemiology of infection by nontuberculous mycobacteria. Iv.

Preferential aerosolization of Mycobacterium intracellulare from natural waters[J]. Amenican Review of Respiration Disase, 128(4): 652-656.

Preller L, Heederik D, Kromhout H, et al., 1995. Determinants of dust and endotoxin exposure of pig farmers: development of a control strategy using empirical modelling[J]. Annals of Occupational Hygiene, 39(5): 545-557.

Qian X, Sun W, Gu J, et al., 2016. Reducing antibiotic resistance genes, integrons, and pathogens in dairy manure by continuous thermophilic composting[J]. Bioresource Technology, 220: 425-432.

Qiao M, Ying G G, Singer A C, et al., 2018. Review of antibiotic resistance in China and its environment[J]. Environment International, 110: 160-172.

Radon K, Weber C, Iversen M, et al., 2001. Exposure assessment and lung function in pig and poultry farmers[J]. Institute of Occupational and Environmental Medicine, 58: 405-410.

Song L, Wang C, Jiang G, et al., 2021. Bioaerosol is an important transmission route of antibiotic resistance genes in pig farms[J]. Environment International, 154: 106559.

StÄRk K D C, 1999. The role of infectious aerosols in disease transmission in pigs[J]. The Veterinary Journal, 158(3): 164-181.

Su J Q, Wei B, Ouyang W, et al., 2015. Antibiotic resistome and its association with bacterial communities during sewage sludge composting[J]. Environmental Science & Technology, 49: 7356-7363.

Sun S, Shen J, Li D, et al., 2022. A new insight into the ARG association with antibiotics and non-antibiotic agents-antibiotic resistance and toxicity[J]. Environment Pollution, 293: 118524.

Sun X, Li D, Li B, et al., 2020. Exploring the disparity of inhalable bacterial communities and antibiotic resistance genes between hazy days and non-hazy days in a cold megacity in northeast China[J]. Jorunal of Hazardous Materials, 398: 122984.

Taha M P M, Pollard S J T, Sarkar U, et al., 2005. Estimating fugitive bioaerosol releases from static compost windrows: Feasibility of a portable wind tunnel approach[J]. Waste Manage, 25(4): 445-450.

Van Boeckel T P, Pires J, Silvester R, et al., 2019. Global trends in antimicrobial resistance in animals in low- and middle-income countries[J]. Science, 365: eaaw1944.

Wang J, Ben W, Zhang Y, et al., 2015. Effects of thermophilic composting on oxytetracycline, sulfamethazine, and their corresponding resistance genes in swine manure[J]. Environmental Science-Processes & Impacts, 17(9): 1654-1660.

Wang R, Yu A, Qiu T, et al., 2022. Aerosolization behaviour of fungi and its potential health effects during the composting of animal manure[J]. International Journal of Envronment Research and Public Health, 19(9): 5644.

Wang Y, Wang C, Song L, 2019b. Distribution of antibiotic resistance genes and bacteria from six atmospheric environments: Exposure risk to human[J]. Science of the total Environment, 694: 133750.

Wery N, 2014. Bioaerosols from composting facilities-a review[J]. Front Cell Infection Microbiol, 4(4): 42.

Wu D, Huang Z, Yang K, et al., 2015. Relationships between antibiotics and antibiotic resistance gene levels in municipal solid waste leachates in Shanghai, China[J]. Environmental Science & Technology, 49(7): 4122-

4128.

Xie J, Jin L, He T, et al., 2019. Bacteria and antibiotic resistance genes(ARGs) in pm2.5 from China: implications for human exposure[J]. Environment Science & Technology, 53(2): 963-972.

Xie W, Yang X, Li Q, et al., 2016. Changes in antibiotic concentrations and antibiotic resistome during commercial composting of animal manures[J]. Environment Pollution, 219: 182-190.

Xie W, Li Y, Bai W, et al., 2021. The source and transport of bioaerosols in the air: a review[J]. Frontiers of Environmental Science & Engineering, 15: 44.

Xin H, Gao M, Wang X, et al., 2022. Animal farms are hot spots for airborne antimicrobial resistance[J]. Science of the total Environment, 851: 158050.

Xin H, Qiu T, Guo Y, et al., 2023. Aerosolization behavior of antimicrobial resistance in animal farms: a field study from feces to fine particulate matter[J]. Front Microbiol, 14: 1175265.

Xu Y, Guo C, Luo Y, et al., 2016b. Occurrence and distribution of antibiotics, antibiotic resistance genes in the urban rivers in Beijing, China[J]. Environment Pollution, 213: 833-840.

Xu Z, Yao M, 2013. Monitoring of bioaerosol inhalation risks in different environments using a six-stage Andersen sampler and the PCR-DGGE method[J]. Environmental Monitoring and Assessment, 185(5): 3993-4003.

Yamamoto N, Bibby K, Qian J, et al., 2012. Particle-size distributions and seasonal diversity of allergenic and pathogenic fungi in outdoor air[J]. The ISME Journal, 6(10):1801-1811.

Yang Q, Ren S, Niu T, et al., 2014. Distribution of antibiotic-resistant bacteria in chicken manure and manure-fertilized vegetables[J]. Environmental Science and Pollution Research, 21(2): 1231-1241.

Yang Q, Wang R, Ren S, et al., 2015. Practical survey on antibiotic-resistant bacterial communities in livestock manure and manure-amended soil[J]. Journal of Environmental Science and Health Part, 51(1): 14-23.

Yang T, Chen R, Gu X, et al., 2021. Association of fine particulate matter air pollution and its constituents with lung function: The China Pulmonary Health study[J]. Environment Interational pesticides Food Contanuinants and Agricultural Wastes, 156: 106707.

Yang Y, Zhou R, Chen B, et al., 2018b. Characterization of airborne antibiotic resistance genes from typical bioaerosol emission sources in the urban environment using metagenomic approach[J]. Chemosphere, 213: 463-471.

Zhang A, Gaston J, Dai C, et al., 2021. An omics-based framework for assessing the health risk of antimicrobial resistance genes[J]. Nature Communications, 12(1): 4765.

Zhang Y, Snow D D, Parker D, 2013b. Intracellular and Extracellular Antimicrobial resistance genes in the sludge of livestock waste management structures[J]. Environmental Science & Technology, 47(18): 10206-10213.

Zhu L, Zhao Y, Yang K, et al., 2019. Host bacterial community of MGEs determines the risk of horizontal gene transfer during composting of different animal manures[J]. Environment Pollution, 250: 166-174.

Zhu G B, Wang X M, Yang T, et al., 2021b. Air pollution could drive global dissemination of antibiotic resistance genes[J]. ISME J, 15: 270-281.

Zhu Y, Johnson T A, Su J, et al., 2013. Diverse and abundant antibiotic resistance genes in Chinese swine farms[J]. Proceedings of the National Academy of Sciences of USA, 110(9): 3435-3440.

第4章　农田生态系统中的抗生素耐药基因及其富集扩散

4.1 　农田土壤中的抗生素耐药基因

土壤是最大的环境抗生素耐药基因（ARGs）储存库（Nesme et al.，2014）。最初的研究主要针对畜禽养殖场及周边的土壤。Ji 等（2012）在上海地区养猪场、养鸡场和养牛场畜禽粪便及周围土壤中均检测到 8 类 ARGs，丰度较高的 ARGs 亚型是 *sulA* 和 *sulII*。Wu 等（2010）在北京、天津及浙江嘉兴三地的猪场周边土壤发现了 15 种四环素类 ARGs 亚型，其中丰度较高的为 *tetM*、*tetO*、*tetQ*、*tetW* 和 *tetT*。目前，不同地理位置、不同类型土壤的 ARGs 都得到了大量研究，其中，农田土壤作为人类活动影响最大而且与人类健康最相关的土壤类型，其 ARGs 的赋存特征更是受到了广泛关注。

在农业生产中，通常使用化肥和有机肥来提高作物产量，在改善土壤和蔬菜品质方面，有机肥被认为比化肥更有效。然而，有机肥中存在抗生素、抗生素耐药菌和 ARGs（Wang et al.，2018a；Wichmann et al.，2014；Zhang and Zhang，2011），在有机肥施用过程中可能转移到土壤和作物。有研究表明，粪便有机肥的使用已成为 ARGs 和耐药菌在环境中富集和传播的主要原因之一（Zhu et al.，2017a）。长期使用鸡粪显著富集了土壤中与 β-内酰胺和四环素相关的 ARGs（Chen et al.，2016），含有泰乐菌素或四环素的粪肥将影响土壤中 ARGs 的多样性和丰度（Xiong et al.，2018；Zhang et al.，2017）。此外，粪肥中的养分和重金属可能会促进 ARGs 的水平转移（Hu et al.，2017）。

粪肥是世界上使用最多的有机肥，中国的粪肥年产量已达 19 亿 t（Qiu et al.，2013）。粪肥中的 ARGs 残留量高、传播风险大，经堆肥处理可减少其多样性及丰度，但仍有残留，对生态环境的影响持续时间长。研究表明，长期施用粪肥后，土壤本底 ARGs 水平显著增加（Sun et al.，2019）。即使粪便中不含抗生素，其施用也可以增加土壤中 ARGs 的丰度。Sun 等（2019）研究表明，施肥导致土壤有机质（SOM）、全氮（TN）和速效钾（AK）的增加，并与 ARGs 丰度呈显著正相关。此外，粪肥中重金属的共选择作用可导致土壤抗生素耐药性的增加（Wang et al.，2021）。土壤 pH 值是细菌群落组成和多样性的驱动因素（Yuan et al.，2022），因此，也影响土壤 ARGs 的组成特征（Rutgersson et al.，2020）。

4.1.1 　蔬菜土壤中抗生素耐药基因的分布特征

粪肥施用是引起农田土壤耐药基因多样性和丰度增加的重要原因。农业生产中，蔬菜种植相比其他作物，通常会施用更大量的粪肥，使蔬菜土壤成为耐药基因富集并向食物链传递的热区。为了解掌握蔬菜土壤 ARGs 和可移动遗传元件（MGEs）的污染特征及影响因素，应用高通量荧光定量 PCR 方法（HT-qPCR，同时检测 285 种 ARGs 亚型、10 种 MGEs 及 16S rRNA 基因），对北京顺义（S）、昌平（C）、通州（T）3 个区的 5 个蔬菜基地土壤（S1、S2、C1、C2、T）中的抗生素抗性组进行了分析（张汝凤 等，2020）。

（1）抗生素耐药基因组成与多样性

蔬菜基地土壤中检测到 92～121 种 ARGs 亚型，分别隶属于氨基糖苷类（Aminogly-coside）、β- 内酰胺类（β-Lactamase）、氯霉素（Chloramphenicol）、大环内酯类 - 林肯酰胺类 - 链阳性菌素 B 类（MLSB）、多重耐药类（Multidrug），磺胺类（Sulfonamide），四环素类（Tetracycline）和万古霉素（Vancomycin）ARGs 等；检测到 4～6 种可移动元件。顺义 S2 基地土壤的 ARGs 和 MGEs 的数目最高，通州蔬菜基地土壤的数目最低（图 4-1）。

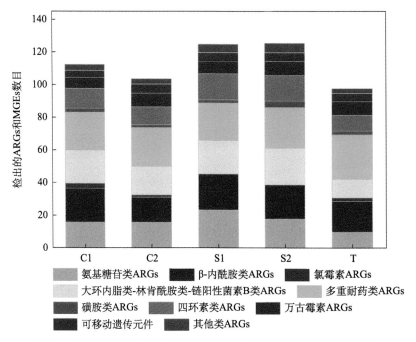

图 4-1　不同蔬菜基地土壤中抗生素耐药基因与可移动遗传元件的数目分析

通过 PCoA 对不同蔬菜基地土壤 ARGs 组成特点进行了分析（图 4-2），发现不同地区的 ARGs 组成存在差异。昌平 2 个蔬菜基地（C1，C2）土壤中的 ARGs 聚集在一起，顺义区 2 个蔬菜基地（S1，S2）土壤中的 ARGs 聚集在一起，与通州区基地（T）土壤中的 ARGs 分开。以上结果表明，同一区域内的蔬菜土壤 ARGs 组成相似，不同区的差异较大，这可能与土壤类型、施肥方式、重金属含量、抗生素含量等相关。

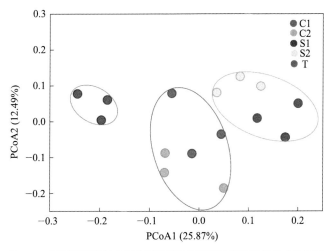

图 4-2　不同蔬菜基地土壤中耐药基因与可移动遗传元件组成的差异

（2）优势抗生素耐药基因类型、抗性机制及其与可移动遗传元件的相关性

应用 Heatmap 及 Mantel 检验对优势 ARGs 及其与 MGEs 的相关性进行比较分析。结果显示，5 个蔬菜基地中均丰度较高的 ARGs 为多重耐药类、MLSB 类和 β- 内酰胺类（图 4-3a）。不同地区丰度较高的 ARGs 型亦存在一定差异，顺义区（S1）的磺胺类、氨基糖苷类、四环素 ARGs 的相对丰度显著于高于昌平区（C1，C2）与通州区（T）（$P <$ 0.05）。通州区（T）土壤万古霉素 ARGs 的相对丰度较高。C1、S1 与 T 区的 MGEs 的相对丰度较高，但与其他区相比差异未达到显著水平（$P > 0.05$）。ARGs 与 MGEs 丰度分析结果也表明，丰度较高的 ARGs 与热图结果一致。总 ARGs 丰度比较为 S1＞S2＞C1＞T＞C2，其中顺义 S1 基地土壤中总 ARGs 丰度显著高于其他基地（$P < 0.05$）；总的 MGEs 丰度为 S1＞C1＞T＞S2＞C2（图 4-3b）。

对河南菜田土壤中的 ARGs 及 MGEs 进行检测表明，丰度较高的 ARGs 和 MGEs 分别为四环素类、磺胺类、β- 内酰胺类和 *intI1*、*intI2*、*ISCR2*（Liu et al.，2016）。四环素是当前世界上使用最广泛的抗生素之一（Wu et al.，2010），因此在环境中特别是农田土壤环境中，四环素类 ARGs 丰度较高。磺胺类 ARGs 的检出率也非常高，两者均被证实广泛存在于土壤和废水处理厂等环境中（Gao et al.，2012；冀秀玲 等，2011）。本研究中北京地区 5 个蔬菜基地中四环素类和磺胺类 ARGs 并不是丰度较高抗生素耐药基因，而 β- 内酰胺类 ARGs 和可移动元件 *intI1* 的丰度较高。

比较分析不同蔬菜基地土壤中 ARGs 的机制，结果显示，外排泵与抗生素失活均为 5 个基地土壤中主要的抗性机制（图 4-4），但不同区抗性机制的相对丰度存在差异。与其他地区相比，顺义 S1 蔬菜基地土壤抗生素失活和细胞保护机制的 ARGs 相对丰度较高，而外排泵抗性机制的 ARGs 相对丰度较低。通州区蔬菜基地是外排泵抗性机制占比较大，抗生素失活和细胞保护占比较小。

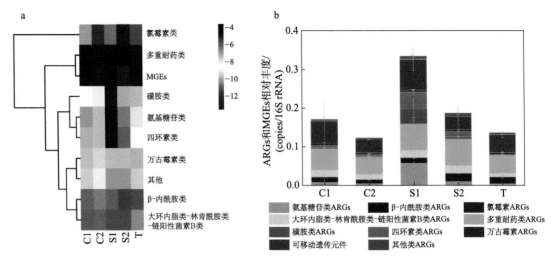

图 4-3　不同蔬菜基地土壤中优势抗生素耐药基因型比较分析

a：抗生素耐药基因热图；b：相对丰度。

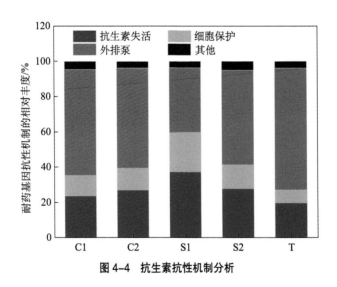

图 4-4　抗生素抗性机制分析

　　为评估蔬菜基地土壤中 ARGs 水平转移风险，分析了不同类型 ARGs 与 MGEs 的相关性（表 4-1）。发现氨基糖苷类与磺胺类 ARGs 与 MGEs 呈显著正相关（$P < 0.05$），表明这两类 ARGs 存在水平转移的风险。

　　关于 MGEs 与 ARGs 之间的关系，Ma 等（2017）应用高通量测序技术和宏基因组学分析，证明了不同生态系统中 MGEs 与 ARGs 丰度之间都表现了较高的相关性，但是，在不同的生态系统中也是存在较大差异，其中，在污水处理厂二者之间的相关系数较低，而在河水、养殖场附近土壤中的相关系数较高。其他研究结果也表明，河口环境 MGEs 与 ARGs 丰度之间表现了很高的相关性，其中，多重耐药类、氨基糖苷类、β- 内酰胺类 ARGs 丰度与 MGEs 丰度相关系数较高（Zhu et al.，2017b）。

表 4-1 抗生素耐药基因与可移动遗传元件的相关性分析

抗生素耐药基因丰度	可移动遗传原件丰度（r 值）	P 值
氨基糖苷类	0.57	0.03*
万古霉素类	0.39	0.15
四环素类	0.29	0.29
磺胺类	0.55	0.03*
多重耐药类	0.36	0.19
大环内脂类 - 林肯酰胺类 - 链阳性菌素 B 类	0.24	0.38
氯霉素类	0.16	0.58
β- 内酰胺酶类	0.06	0.82
其他	0.47	0.2
总抗生素耐药基因	0.61	0.02*

注：* 表示差异显著（$P < 0.05$）。

（3）共有耐药基因与可移动遗传元件组成分析

蔬菜基地土壤中均存在丰富的 ARGs 与 MGEs，其数目及组成在不同蔬菜基地土壤中存在一定差异。进一步对不同蔬菜基地土壤中共有的 ARGs 亚型数目、组成及相对丰度进行分析。结果表明，各蔬菜基地中共有 ARGs 数目为 39，共有 MGEs 为 *IntI1*，占各基地中总 ARGs 与 MGEs 数目的 31.4%～41.2%。共有的 ARGs 在通州区蔬菜基地土壤中的比例最高，为总 ARGs 数目的 41.2%。共有 ARGs 在顺义区 S1 与 S2 基地土壤中的比例较低，约占检测到总 ARGs 数目的 30%（图 4-5a）。对共有的 ARGs 进行 PCoA 分析，发现共有 ARGs 与总 ARGs 的分布一致，共有 ARGs 与 MGEs 的组成亦是按区分开（图 4-5b）。不同区共有 ARGs 亚型的数目一致，但组成分布不同，表明共有 ARGs 亚型的丰度存在差异。

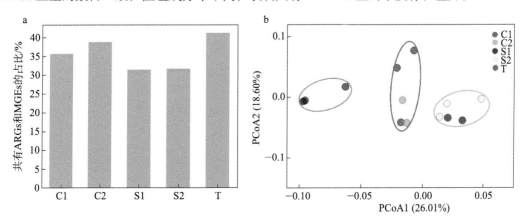

图 4-5 共有抗生素耐药基因比例及其组成差异
a：共有抗生素耐药基因数目占各区中总耐药基因数目的比例；b：蔬菜基地中共有抗生素耐药基因的组成差异分析。

对蔬菜基地中共有 ARGs 亚型的丰度进行分析（图 4-6）。结果表明，各基地土壤中主要的 ARGs 亚型为多重耐药类基因 *oprD*、*acrA-04* 和 *acrA-05*，MLSB 类耐药基因 *mphA-01*，β- 内酰胺类耐药基因 *fox5*，万古霉素耐药基因 *vanC-03*。S1 中多重耐药类基因 *qacEdelta1-01*，β- 内酰胺类的 *ampC-04*，氨基糖苷类的 *aadE*、*aadA-1-02* 和 *aacC* 的丰度高于其他蔬菜基地土壤。有研究对上海养猪场附近的农田土壤进行 ARGs 分析，得到丰度较高的 ARGs 为磺胺类的 *sulA* 和 *sulI* 及四环素类的 *tetM* 和 *tetW*（沈群辉，2013）。磺胺甲恶唑污染过的土壤中，丰度较高的 ARGs 为磺胺类的 *sulI* 和 *sulII*，喹诺酮类的 *qnrS1*、*qnrS2*、*gyrA1*、*cmlA1* 和 *floR*，MLSB 类 的 *ermB*， 四 环 素 类 的 *tetA/P*、*tetM1*、*tetG1*、*tetG2*、*tet(34)* 和 *tetM* 等（Zhang et al.，2019a）。以上研究结果表明，不同地区农田土壤中优势 ARGs 存在差异，这可能与施用不同类型的粪肥及土壤理化性质有关。

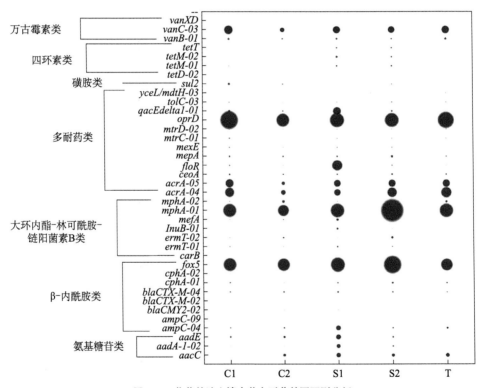

图 4-6　蔬菜基地土壤中共有耐药基因亚型分析

（4）抗生素与总耐药基因的相关性

对蔬菜土壤进行了 15 种常用抗生素的检测，共检测到 7 种抗生素，其中，恩诺沙星（ENR）浓度最高（图 4-7a），顺义 S2 蔬菜基地恩诺沙星含量大约为 154.41 μg/kg，其次是诺氟沙星（NOR）为 38.68 μg/kg。顺义 S2 蔬菜基地中磺胺二甲嘧啶（SM2）抗生素要高于其他 4 个区，抗生素的浓度随地区的变化而有所差异。各基地中共有的抗生素为恩诺沙星（ENR）与磺胺二甲嘧啶（SM2）。顺义区 S1 与 S2 基地检测到的抗生素种类较多，如金霉素（CTC）、环丙沙星（CIP）和土霉素（OTC）等也有检出。5 个蔬菜基地中抗生素的浓度依次是 S2＞S1＞T＞C2＞C1。相关性分析结果表明，蔬菜基地土壤中抗生素与 ARGs 丰度存在显著正相关性（$P＜0.01$，图 4-7b）。

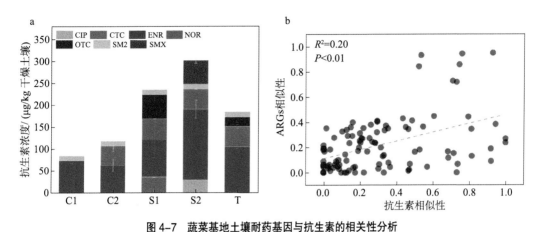

图 4-7　蔬菜基地土壤耐药基因与抗生素的相关性分析

a：土壤中抗生素分析；b：耐药基因与抗生素的相关性分析。相似性是指不同处理中抗生素或抗生素耐药基因组成的相似性，包括抗生素和抗生素耐药基因的种类和丰度的比较。

Li 等（2015）对北京温室蔬菜土壤中抗生素进行检测，发现温室土壤中的抗生素浓度高于大田土壤，且四环素类（102 µg/kg）＞喹诺酮类（86 µg/kg）＞磺胺类（1.1 µg/kg）＞大环内酯类（0.62 µg/kg），土霉素、氯霉素、诺氟沙星、环丙沙星和恩诺沙星对土壤微生物具有较高的风险。环境中的抗生素残留会影响陆生生物，改变土壤中的微生物活动和群落组成，并促进 ARGs 的发展，对人类和动物健康均构成威胁。土壤中抗生素主要来源于粪肥、污泥或养殖废水的灌溉，土壤中抗生素累积及削减受多种因素影响，例如，施肥量和施用方法、栽培密度、土壤性质或温室栽培年限（Hu et al.，2010；Li et al.，2013；Wu et al.，2014）。而对于抗生素与 ARGs 之间关系的研究，不同的研究人员得到的结论也不尽相同。Smith 等（2004）发现养殖场污水中四环素 ARGs 与抗生素之间的相关性不明显；Ji 等（2012）对猪场粪污及周边土壤的研究也得到了相似的结果。而 Tang 等（2015）和 Mckinney 等（2010）发现农田土壤和养殖场粪污中四环素和磺胺 ARGs 与抗生素含量显著正相关。以上不一致的研究结果暗示，ARGs 不仅仅与抗生素相关，还可能受其他因素影响，比如重金属、pH 值及有机质含量等（McKinney et al.，2010）。

农田土壤作为 ARGs 的储存库和 ARGs 向食物链传递的媒介，田间投入品尤其是肥料的施用会引起土壤 ARGs 组成和丰度的变化（Peng et al.，2017）。为比较有机肥和无机肥对蔬菜土壤 ARGs 多样性和丰度的影响，采用宏基因组测序技术，研究了商品有机肥和无机肥连续施用 9 年后土壤 ARGs 的差异（Sun et al.，2019）。结果表明，有机肥（实验基地应用的以鸡粪和羊粪为主要原料，经高温好氧发酵制成的商品化有机肥）、施用有机肥土壤、施用无机肥土壤和不施肥土壤（对照）中分别检测到 20 种、19 种、19 种和 18 种 ARGs 型（图 4-8a）。从检出的 ARGs 亚型数量来看，有机肥中最高（198 种），其次是施用有机肥土壤（148 种）、施用无机肥土壤（127 种）和不施肥土壤（112 种）。ARGs 相对丰度的高低顺序为：有机肥＞施用有机肥土壤＞施用无机肥土壤＞不施肥土壤（图 4-8b）。以上结果表明，无机肥与有机肥均可提高土壤 ARGs 的多样性与相对丰度，而有机肥施用土壤 ARGs 的数量和相对丰度显著高于无机肥施用土壤（$P < 0.05$）。

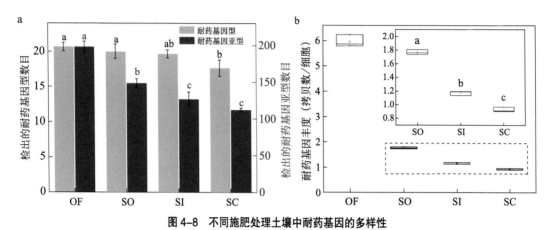

图 4-8　不同施肥处理土壤中耐药基因的多样性

a：丰度；b：OF：有机肥；SO：施用有机肥土壤；SI：施用无机肥土壤；SC：不施肥土壤。

通过对有机肥与施肥土壤中优势 ARGs 的分析，发现有机肥的优势 ARGs 为 MLSB 类、磺胺类、四环素类与氨基糖苷类，而土壤的优势 ARGs 为万古霉素类与多重耐药类（图 4-9a）。施用有机肥与无机肥均使土壤大多数 ARGs 得到富集。有机肥的施用使土壤中 15 类 ARGs 得到明显富集，其中，增殖最多的为磺胺类 ARGs，相对丰度增加了 7 倍，其次是氯霉素类、特曲霉素类等 ARGs（图 4-9 b）。

4.1.2　有机肥施用量对农田土壤抗生素耐药基因的影响

有机肥的施用是 ARGs 扩散到土壤环境的主要途径之一。为解析施肥量对土壤 ARGs 组成和丰度的影响，于 2019 年 8 月采集河北某实验基地的土壤样品（分别为施用鸡粪有机肥、猪粪有机肥、污泥有机肥和化肥的土壤）。该基地为小麦—玉米轮作，每年的有机肥施用量分别为 15 t/ha、30 t/ha、45 t/ha 和 60 t/ha。采用细菌扩增子高通量测序和高通量定量 PCR 技术，研究了不同施肥量对土壤 ARGs 的影响及相关机制。

（1）施肥量对土壤耐药基因多样性和丰度的影响

在所有的样品中共发现 199 种不同的 ARGs 亚型，分别属于 8 种不同的 ARGs 类型，同时发现 12 种不同的 MGEs。在施用鸡粪有机肥处理组中，4 个不同的施肥量之间 ARGs 数目无显著差异，在施用猪粪和污泥有机肥的处理组中，施肥量为 30 t/ha 的处理组 ARGs

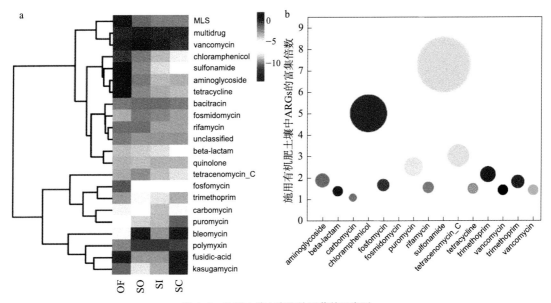

图 4-9　施肥土壤中富集的耐药基因类型

a：有机肥与不同施肥处理土壤中的优势耐药基因类型；b：与不施肥土壤相比，施用有机肥土壤中耐药基因的增殖倍数。

数目显著高于施肥量 15 t/ha 处理组，但是，施肥为 45 t/ha 和 60 t/ha 时，ARGs 数目并未显著高于施肥量 30 t/ha 的处理。如果将施用 3 种不同肥料放在一起进行分析，可以看到从化肥处理组到施用 15 t/ha，30 t/ha 处理组，其 ARGs 数目显著增加。在施肥量继续增加时，ARGs 数目与 30 t/ha 无显著差异。以上结果表明，有机肥施用量对 ARGs 数目的影响可能存在阈值，当施肥量小于 30 t/ha 时，ARGs 数目随施肥量增加而增加，当施肥量大于 30 t/ha，施肥量增加时 ARGs 数目不再显著增加。MGEs 数目的变化趋势与 ARGs 不同，所有施用有机肥的样品量均显著高于施用化肥样品，但是有机肥的施肥量对 MGEs 数目没有显著影响（图 4-10a）。

在施用猪粪有机肥的土壤中，45 t/ha 处理组 ARGs 总绝对丰度显著高于其他处理组；在施用鸡粪和污泥的处理组中，施用量为 45 t/ha 时，ARGs 总绝对丰度显著高于施用 15 t/ha 和 30 t/ha 处理组，与施肥量为 60 t/ha 时无显著差异。将 3 种不同的肥料进行组合分析，施肥量为 45 t/ha 的处理组 ARGs 绝对丰度显著高于施肥量低于 45 t/ha 的处理组，与施肥量为 60 t/ha 的处理组无显著差异。结果表明，有机肥施用量对 ARGs 总绝对丰度的影响可能存在阈值，当施肥量小于 45 t/ha 时，ARGs 绝对丰度随施肥量增加而增加，当施肥量继续增加，ARGs 总绝对丰度不再显著增加（图 4-10b）。

MGEs 绝对丰度的变化趋势与 ARGs 相似，当肥料施用量为 45 t/ha 时到达阈值，继续增加施肥量，MGEs 的绝对丰度不再显著增加（图 4-10b）。

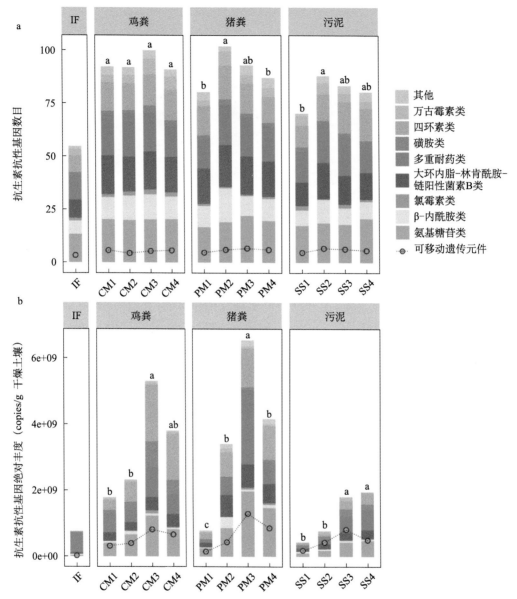

图 4-10 有机肥不同施用量对土壤耐药基因数目（a）和绝对丰度（b）的影响

横坐标中的 1、2、3、4 分别表示施肥量为 15 t/ha、30 t/ha、45 t/ha 和 60 t/ha；IF 表示施用化肥土壤；

字母不同代表差异显著（$P < 0.05$）。

ARGs 和 MGEs 的相对丰度与绝对丰度变化趋势相似，在施肥量为 45 t/ha 时，施用鸡粪、猪粪、污泥的处理组 ARGs 总相对丰度达到最高，当施肥量继续增加，ARGs 总相对丰度不再显著增加（图 4-11）。

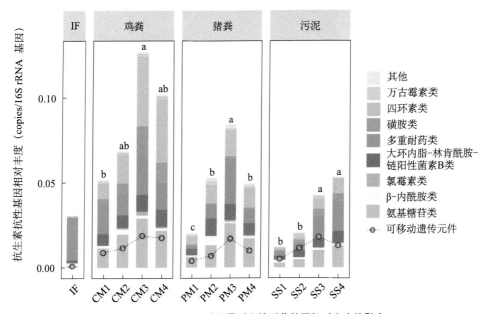

图 4-11　有机肥不同施用量对土壤耐药基因相对丰度的影响

横坐标中的 1、2、3、4 分别表示施肥量为 15 t/ha、30 t/ha、45 t/ha 和 60 t/ha；IF 表示施用化肥土壤；

字母不同代表差异显著（$P < 0.05$）。

绘制热图研究相对丰度前 50 位的 ARGs 在不同样品中的分布（图 4-12）。结果表明，施用不同肥料的样品中富集的 ARGs 不同。在施用化肥处理组中，*mexF* 的相对丰度高于其他处理组；在施用鸡粪的处理组中，*qacEdelta1-01*、*aadA2-01*、*ermF*、*sul2* 等 ARGs 的相对丰度高于其他处理组；在施用污泥的处理组中，*oleC*、*ermB*、*oprJ* 和 *matA_mel* 的相对丰度高于其他处理组；在施用猪粪的处理组中，*tetPB-03*、*lnuB-02*、*tetPA* 等 ARGs 的相对丰度高于其他处理组。施肥量为 30～60 t/ha 的施用鸡粪和猪粪的处理组分别聚在一起。施肥量为 45 t/ha 和 60 t/ha 的污泥处理组聚在一起，其他低施肥量处理组和施用化肥处理组聚在一起。表明较低施肥量的处理组其 ARGs 的分布情况与施用化肥处理组更相似，而高施肥量处理对 ARGs 的影响较大，促进 ARGs 的富集。与此同时，在施用鸡粪和猪粪的处理组中，可以看到在施肥量为 45 t/ha 时，其优势 ARGs 的相对丰度高于施肥量为 30 t/ha 和 60 t/ha，表明施肥量对某些特定的 ARGs 富集的影响可能存在一个阈值，当施肥量高于 45 t/ha 时，继续增加施肥量，这些 ARGs 不再进一步富集。

为进一步研究不同处理组土壤中 ARGs 的分布，通过 PCoA 分析对 ARGs 组成进行分析（基于相对丰度和 Bray-Curtis 距离）。不同样品中的 ARGs 存在差异，不同样品中的 ARGs 按施用肥料的种类聚集，施用 15 t/ha 鸡粪的样品与施用污泥的样品重叠在一起，且均与施用化肥样品较为相似（图 4-13a，b）。与此同时，在施用每种肥料的样品中，不同施肥量的样品能够分开。例如，在施用鸡粪的样品中，施用 30 t/ha 和 60 t/ha 的样品聚在

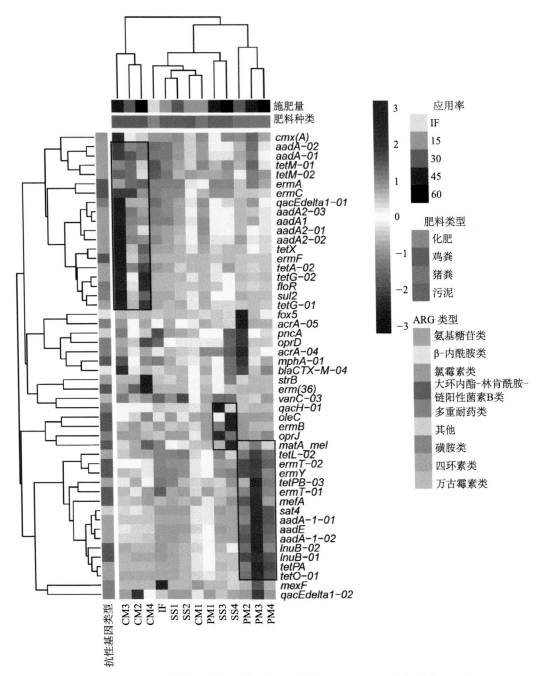

图 4-12 有机肥不同施用量对土壤相对丰度前 50 ARGs 分布的影响

横坐标中的 1、2、3、4 分别表示施肥量为 15 t/ha、30 t/ha、45 t/ha 和 60 t/ha；IF 表示施用化肥土壤；

字母不同代表差异显著（$P < 0.05$）。

一起，均与施用 45 t/ha 样品分开；在施用猪粪的样品中，施用 45 t/ha 和 60 t/ha 的样品聚在一起，均与施用 30 t/ha 样品分开（图 4-13a）。以上结果表明，不同肥料（IF、CM、

PM、SS）处理的土壤中，ARGs 分布差异显著（$R^2=0.43$，$P=0.002$）。施用污泥的土壤中 ARGs 的分布与施用化肥的土壤中 ARGs 的分布最为相似（图 4-13a，b）。与图 4-12 的结果一致，施肥量为 15 t/ha 时，样品中 ARGs 的分布与化肥距离较近，但是，施肥量对 ARGs 分布的影响不会随施肥量的增加而持续增加，在施肥量达到 45 t/ha 时，继续增加施肥量，样品反而能够与较低的施肥量聚在一起（图 4-13a，b），表明施肥量对 ARGs 组成的影响可能存在阈值。

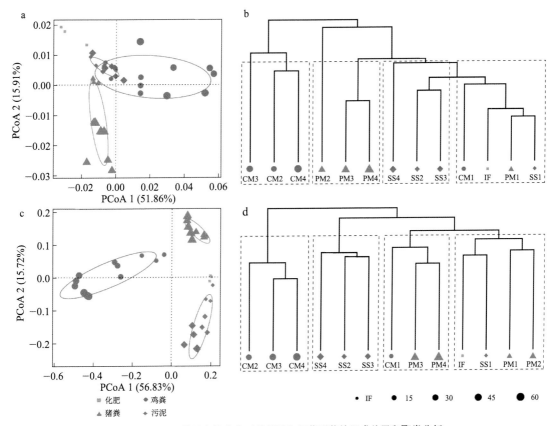

图 4-13 不同样品中抗生素耐药基因和细菌群落的组成差异和聚类分析
a：耐药基因的组成差异；b：耐药基因聚类分析；c：细菌群落的组成差异；d：细菌群落的聚类分析。

本研究中的耐药基因属于三种主要的抗性机制：抗生素失活，细胞保护和外排泵。抗生素失活是所有样品中最主要的抗性机制（39%～46%）（图 4-14）。与施用化肥相比，施用有机肥对抗生素失活机制类 ARGs 所占比例影响较小，部分施用有机肥处理组的抗生素失活机制所占比例高于施用化肥，部分低于化肥。而施用有机肥的处理组中，细胞保护机制所占比例（23%～28%）整体高于施用化肥处理组（21%）。

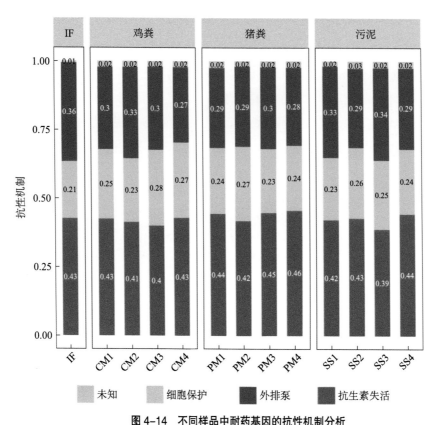

图 4-14　不同样品中耐药基因的抗性机制分析

横坐标中的 1、2、3、4 分别表示施肥量为 15 t/ha、30 t/ha、45 t/ha 和 60 t/ha；IF 表示施用化肥土壤。

（2）不同处理组中的细菌群落组成

16S rRNA 基因共扩增出 2 637 719 条高质量序列，每个样本有 43 436～74 896 条序列。这些序列聚为 18 246 个 OTUs，相似度为 97%。放线菌门（24%～44%）、变形菌门（24%～39%）和厚壁菌门（6%～47%）是所有土壤样品的优势门（图 4-15）。结果表明，施用肥料对厚壁菌门的影响较大，施用有机肥的处理组厚壁菌门相对丰度高于未施加有机肥处理组，在施用鸡粪和猪粪的土壤中，施肥量为 15～45 t/ha 时厚壁菌门相对丰度逐渐升高，施肥量为 60 t/ha 时厚壁菌门相对丰度下降。

施用有机肥的处理组 16S rRNA 基因绝对丰度均显著高于不施肥处理组。在施用鸡粪和污泥处理组中，施肥量对 16S rRNA 基因绝对丰度没有显著影响。在施用猪粪的处理组中，施肥量从 15 t/ha 到 45 t/ha 时，16S rRNA 基因绝对丰度显著上升，施肥量继续增加时，16S rRNA 基因绝对丰度没有显著变化（图 4-16a）。与对 16S rRNA 基因绝对丰度的影响相比，施肥量对于细菌群落均匀度（evenness，shannon index）和丰富度（richness，ace index）的影响更为明显。施肥量从 15 t/ha 升高到 45 t/ha 时，细菌群落的均匀度和物种丰富度（除了施用猪粪有机肥的处理组）均显著下降，当施肥量继续增加到 60 t/ha 时，其均匀度和丰富度均未继续显著降低（图 4-16b，c）。

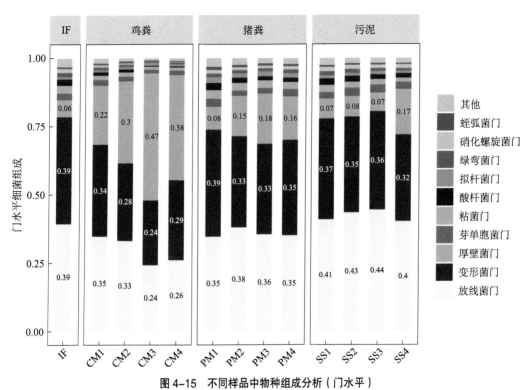

图 4-15　不同样品中物种组成分析（门水平）

横坐标中的 1、2、3、4 分别表示施肥量为 15 t/ha、30 t/ha、45 t/ha 和 60 t/ha；IF 表示施用化肥土壤。

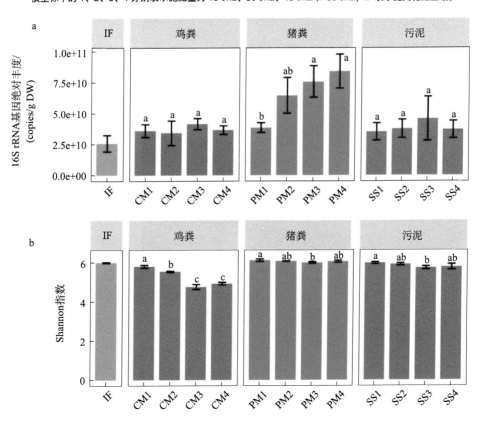

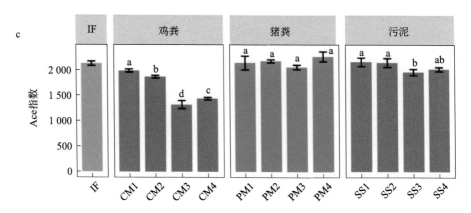

图 4-16　不同处理对土壤微生物丰度和 alpha 多样性的影响

a：16S rRNA 基因绝对丰度；b：Shannon 指数，代表物种均匀度；c：Ace 指数，代表物种丰富度；

字母不同代表差异显著（$P < 0.05$）。

与 ARGs 相比，施用肥料对细菌组成的影响更为明显（图 4-13c，d）。不同样品中的细菌群落按施肥种类聚集，不同种类肥料的样品没有相互重叠。与高施肥量相比，施肥量为 15 t/ha 时，样品中细菌群落分布与化肥距离较近。与施用粪肥相比，施用污泥的样品与施用化肥的样品中细菌群落更为相似。在鸡粪处理组中，施肥量对于细菌群落组成的影响更为明显，不同施肥量的样品相互分开。

（3）不同处理组细菌群落与耐药基因的相关性分析

将 ARGs 作为响应变量，将细菌群落（门水平）、可移动元件和环境因子作为解释变量，并对所有解释变量进行前向选择，筛选出 4 显著影响 ARGs 分布的因子，分别为土壤 pH 值、AK、Cu 和厚壁菌门。此外，MGEs 与土壤 TN 也是影响土壤 ARGs 分布的重要因素，因此，选择这 6 种因子进行冗余分析（RDA），共解释了不同样品中 ARGs 分布差异，32.54%。在所选择的因子中，厚壁菌门、MGEs、TN 主要影响施用鸡粪和污泥土壤中 ARGs 的分布；AK、Cu、pH 值主要影响施用猪粪土壤中 ARGs 的分布。为了研究解释变量对样品中 ARGs 总体分布变异度的单独贡献率，对样品进行层次分割分析，结果表明，Cu 和 pH 值是贡献率最高的两个因子（Key factor），其解释能力占所选择的总解释变量的 23.96% 和 20.61%（图 4-17a）。

采用方差分解分析（VPA）综合研究细菌群落、土壤性质、MGEs 对 ARGs 分布的影响。细菌群落和土壤性质的交互作用是 ARGs 的主要决定因素（23%），其次是土壤性质的单独作用（14%）（图 4-17b）。线性回归模型显示，厚壁菌门、MGEs、TN 和 AK 均与 ARGs 相对丰度呈显著正线性（$P<0.001$）相关（图 4-17c）。此外，pH 值与 ARGs 显著呈负线性（$P<0.001$）相关。

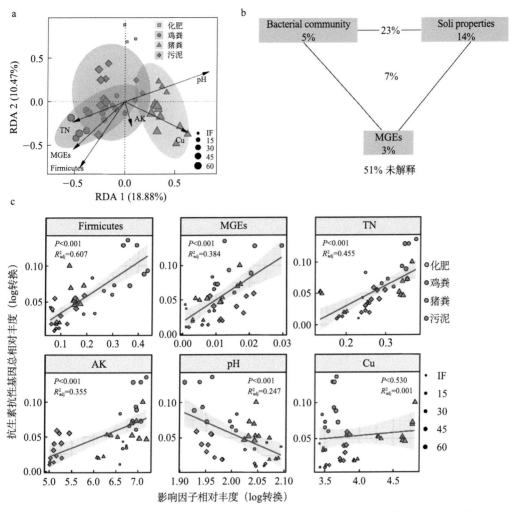

图 4-17　细菌群落（门水平）、理化因子和可移动元件对不同样品中耐药基因分布的影响
a：冗余分析（RDA）；b：方差分解分析（VPA）；c：线性回归分析。

　　根据 Spearman 相关系数，除了 β- 内酰胺酶基因和多耐药基因之外，其他主要 ARGs 类型均与 MGEs 呈显著正相关。而在微生物相对丰度前 10 的门类中，只有厚壁菌门与除了 β- 内酰胺酶基因和多耐药基因以外的其他主要 ARGs 类型以及 MGEs 呈显著正相关，其他微生物门类均与 ARGs 主要类型呈显著负相关或不显著相关。厚壁菌门与主要 ARGs 类型的正相关性再次表明厚壁菌门是影响 ARGs 相对丰度的重要门类（图 4-18）。在施用鸡粪和猪粪处理组中，其厚壁菌门的相对丰度在施肥量为 15～45 t/ha 时逐渐升高，而施肥量继续增加时，厚壁菌门相对丰度不再升高，这可能是导致 ARGs 总相对丰度在施肥量小于 45 t/ha 时随施肥量增加而上升，在施肥量大于 45 t/ha 时不再显著升高的重要原因之一。

　　Mantel 检验结果表明，土壤 pH 值与除了 β- 内酰胺酶基因和多耐药基因以外的 ARGs

类型以及 MGEs 均显著相关。同时，土壤 TN 和 AK 主要与 β- 内酰胺酶基因和氨基糖苷类耐药基因相关。以上结果表明，土壤 pH 值是影响土壤 ARGs 相对丰度的重要因素，在进行土壤 ARGs 控制时，可以着重关注 pH 值的影响（图 4-18）。

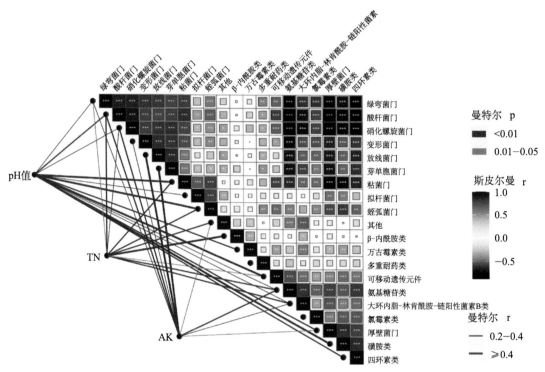

图 4-18　相对丰度前 10 位的细菌门与不同耐药基因型相对丰度的相关性热图

*, **, *** 分别表示低于 0.05、0.01 和 0.001 的统计显著性水平，蓝色表示正相关，红色表示负相关。

对 ARGs、MGEs、环境因子与细菌群落（科水平）进行网络分析（图 4-19），结果表明，与 MLSB 类耐药基因 *ermF* 显著相关的细菌科最多，共有 6 个科与之相关，分别属于放线菌门，变形菌门和厚壁菌门。其次是 MLSB 类耐药基因 *ermA* 和四环素类耐药基因 *tetX*，均与 4 个细菌科显著相关。同时，*ermA* 与土壤有效钾（K）含量显著相关，*tetX* 与重金属 Cr、土壤总氮（TN），以及可移动元件 *intl-1LC* 显著相关。厚壁菌门的高温放线菌科（Thermoactinomycetaceae）和 unclassified_Bacilli 均与 6 种 ARGs 显著相关。可移动元件 *intl-1LC* 与 9 种不同的 ARGs 显著相关，同时，与重金属 Pb 和土壤总氮显著相关。土壤 pH 值与数量较多的细菌科显著相关。在重金属中，Cu 与 3 种 ARGs 显著相关，而 Pb 不仅与 ARGs 相关，同时，与 MGEs 显著相关。在土壤营养因子中，土壤总氮与 7 种不同的 ARGs 显著相关，同时，与 MGEs 和土壤有机质（C）显著相关，表明土壤总氮是影响土壤 ARGs 分布的重要因素。

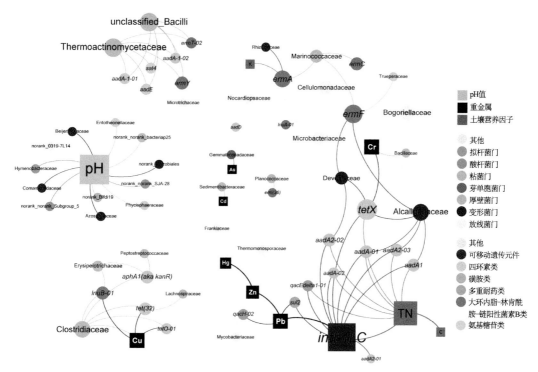

图 4-19　网络分析揭示细菌群落（科水平）、MGEs 和 ARGs 之间的共现模式

节点代表 ARGs、MGEs 或细菌科；节点大小代表与节点连接的边的数量；边代表强显著相关（$P < 0.01$，$R > 0.8$）；

节点和边的颜色代表不同的细菌科、ARGs 和 MGEs。

构建偏最小二乘路径模型（Partial Least Squares Path Modeling，PLS-PM，图 4-20），探讨施肥量、细菌丰度（16S rRNA 基因绝对丰度）、细菌多样性（基于 Shannon 指数和 Ace 指数）以及 MGEs 对土壤 ARGs 总相对丰度的直接和间接影响。该模型能够解释土壤中 ARGs 总相对丰度 71.98% 的变化。有机肥的施肥量对土壤细菌丰度有显著的正向影响，对细菌多样性有显著的负向影响。细菌多样性对 ARGs（$\lambda=-0.75$，$P<0.001$）及 MGEs（$\lambda=-0.45$，$P=0.009$）的相对丰度均呈显著负效应，而细菌 16S rRNA 基因绝对丰度对 ARGs（$\lambda=0.31$，$P=0.016$）的相对丰度呈显著的正向影响。基于标准化的对 ARGs 的直接和间接影响，土壤 ARGs 总相对丰度主要受到细菌群落多样性的负向影响，施肥量、细菌丰度和 MGEs 则是重要的正向影响因素。根据图 4-10 和图 4-16 所示，MGEs、细菌丰度均在施肥量为 45 t/ha 时达到最高点，施肥量继续增加时不再显著升高；而细菌群落均匀度和丰富度均在 45 t/ha 时达到最低点，施肥量继续增加时不再显著降低。这可能是导致 ARGs 总相对丰度在施肥量小于 45 t/ha 时随施肥量增加而上升，在施肥量大于 45 t/ha 时不再显著升高的重要原因。

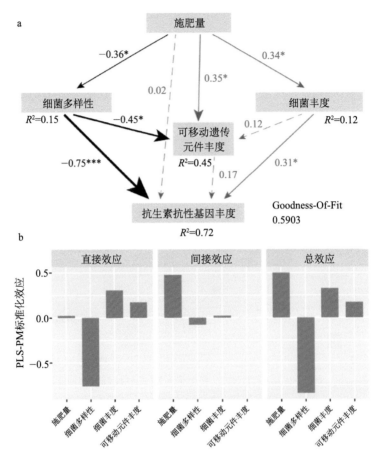

图 4-20　a：偏最小二乘路径模型分析施肥量、细菌多样性、细菌丰度和 MGEs 对土壤中 ARGs 相对丰度的直接和间接影响；b：标准化直接和间接影响

红色箭头表示负向影响，绿色箭头表示正向影响；实线表示显著影响，虚线表示不显著影响；箭头上所示数字是路径系数，箭头的宽度与路径系数强度成正比。R^2 值表示为每个变量解释的方差比例。显著性水平分别为：

*$P < 0.001$、**$P < 0.01$、*$P < 0.05$。

4.1.3　抗生素类型和植物种类共同驱动土壤耐药基因的变化

采用盆栽实验，模拟土壤中 4 种常见的抗生素污染，即环丙沙星（CIP）、土霉素（OTC）、磺胺甲噁唑（SMZ）和泰乐菌素（TY），抗生素在盆栽土壤中的浓度为 1 mg/kg，同时，设不加抗生素的土壤作为对照。种植小白菜、苦菊和菠菜。应用微滴数字 PCR 的方法，分析了土壤中 17 种 ARGs 丰度［分别为 *cmlA*、*cmlA2*、*floR*、*qnr*、*qnrS1*、*tetA01*、*tetB*、*tetG2*、*tet(34)*、*otrA*、*sul1*、*sul2*、*carB*、*ermA*、*ImrA01*、*mefA* 和 *msrc-01*］（Sun et al.，2021）。在 CIP 处理的苦菊土壤中（图 4-21a），喹诺酮类耐药基因 *cmlA*、*cmlA2* 和 *qnrS1* 的相对丰度显著增加；在 OTC 处理的苦菊土壤中（图 4-21b），四环素类耐药基因 *tetG2* 和 *otrA* 的相对丰度也显著增加。在 SMZ 处理组中，种植苦菊的土壤中磺胺类耐

药基因 *sul1* 以及种植菠菜的土壤中 *sul2* 的相对丰度显著高于对照组（图 4-21c）。在添加 TY 的土壤中，种植小白菜土壤中 *carB* 和 *ImrA-01* 的相对丰度以及种植苦菊土壤中 *carB* 和 *msrc-01* 的相对丰度均显著增加（图 4-21d）。在添加 CIP 种植苦菊的土壤中，喹诺酮类 ARGs 的总相对丰度显著增加；在 SMZ 处理的菠菜土壤磺胺类 ARGs 发生富集；在添加 TY 的小白菜和苦菊土壤中大环内酯类 ARGs 丰度较高（图 4-22）。抗生素能够对土壤微生物群落施加选择压力，导致相应的 ARGs 积累（Lin et al.，2016）。

　　然而，大多数 ARGs 亚型在添加相应抗生素的土壤中没有表现出显著变化（图 4-21）。例如，喹诺酮类耐药基因 *cmlA*、*cmlA2*、*floR*、*qnrA* 和 *qnrS1* 的相对丰度在 CIP 处理的小白菜土壤中没有显著变化。这些结果与先前的研究一致，即 ARGs（特别是磺胺类和四环素类）的丰度与其对应的抗生素（磺胺甲嘧啶和四环素）呈弱相关（Xu et al.，2019；Zhao et al.，2019a），表明 ARGs 可能受到多种因素的影响。不同种类的 ARGs 通常共存于一个基因盒中（Qian et al.，2018），这可能导致它们在更高选择压力的条件下进行共选择，因此，它们的丰度可能受到不相关的抗生素或重金属的影响（Hölzel et al.，2012）。抗生素浓度是影响土壤 ARGs 分布特征的另一个重要因素（Lin et al.，2016）。此外，环境因素，如碳源、电子受体和无机离子的差异，可能通过塑造微生物群落间接影响 ARGs 组成（Zhou et al.，2017）。

　　一些 ARGs 亚型的相对丰度在添加相应抗生素后显著降低，其中，包括 CIP 处理菠菜土壤中的 *cmlA2*（SCIP；图 4-21a），OTC 处理苦菊土壤（EOTC）中 *tetB*、小白菜和菠菜土壤中 *tet(34)*（COTC、SOTC；图 4-21b），TY 处理菠菜土壤中的 *ermA*（STY；图 4-21c）。在 TY 处理的菠菜土壤中，大环内酯类 ARGs 的总丰度也显著降低（图 4-22d）。这可能是因为一些 ARGs 与其相应的抗生素残留量无关，而是与其他类别的抗生素密切相关（Xu et al.，2019）。耐药菌的增加可能也影响了抗生素污染土壤中 ARGs 的分布（Zhao et al.，2019b）。

　　关于大环内酯类 ARGs（图 4-21d），在未添加抗生素的土壤中，蔬菜种类显著影响其相对丰度。其中，苦菊土壤（ECK）*carB* 含量显著高于小白菜土壤（CCK）和菠菜土壤（SCK）；*msrc-01* 在 SCK 和 ECK 处理组有显著差异；在添加 CIP 的处理组中，*cmlA2* 在 ECIP 处理组显著高于 CCIP 和 SCIP。这些结果表明，无论抗生素引起的选择压力如何，ARGs 都可能受到蔬菜种类的影响。研究结果表明，植物根系的生长改变了土壤性质和微生物组成，微生物群落的变化影响了土壤中 ARGs 的分布。未来的研究应重点关注抗生素与各类 ARGs 的关系，以及土壤微生物和 ARGs 在植物不同生长阶段的相对丰度变化。

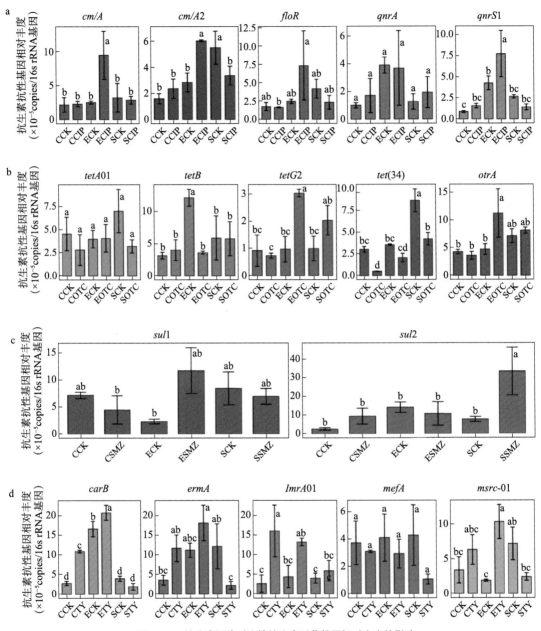

图 4-21 抗生素污染对土壤抗生素耐药基因相对丰度的影响

a：CIP 对喹诺酮类 ARGs 的影响；b：OTC 对四环素类 ARGs 的影响；c：SMZ 对磺胺类 ARGs 的影响；

d：TY 对大环内酯类 ARGs 的影响。字母 a、b、c 表示组间差异显著（$P<0.05$）。CIP，环丙沙星；SMZ，磺胺甲恶唑；

OTC，土霉素；TY，泰乐菌素；CK，未添加抗生素的对照组。字母 C、E、S 分别代表小白菜、苦菊和菠菜。

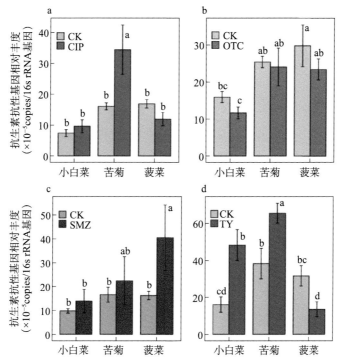

图 4-22　不同抗生素处理组中相应 ARGs 类型的总相对丰度

a：CIP 污染对喹诺酮类 ARGs 的影响；b：OTC 污染对四环素类 ARGs 的影响；c：SMZ 污染对磺胺类 ARGs 的影响；

d：TY 污染对大环内酯类 ARGs 的影响。CIP、OTC、SMZ、TY 分别代表环丙沙星、土霉素、磺胺甲恶唑和泰乐菌素；

字母 a、b、c、d 表示显著差异（$P<0.05$）。

4.2　植物微生物组中的抗生素耐药基因

4.2.1　耐药基因在土壤—植物系统的分布概述

　　土壤—植物系统包括绿色植物及其根系周围的土壤环境，是地球生态系统中与人类生存和健康最为密切的系统。植物表面和内部（根际、叶际、内生）生长着各种微生物，统称为植物微生物组。植物微生物组是植物与环境之间的接触面，具有促进养分吸收、抵御生物和非生物胁迫等多种生态功能，它们在植物生长和抗逆中发挥重要作用。土壤—植物系统也是抗生素和 ARGs 从环境向人类传播扩散的重要途径之一（通过食物链）。

　　与植物相关的微生物可能会改变对人类健康很重要的人类微生物组的特征，但这种改变在很大程度上被忽视了。植物微生物组是人类接触与食物相关的病原菌、耐药菌以及 ARGs 的重要途径。植物微生物组中的许多 ARGs 与周围的抗性组明显重叠，表明这些 ARGs 是可以获得的。土壤抗性组可能是植物抗性组的主要来源（Chen et al.，2017）。幸运的是，大多数携带 ARGs 的植物微生物是非致病性的（Zhang et al.，2011），但它们通过 MGEs 发生水平转移，将 ARGs 传播到其他细菌属（包括人类病原体）（Rossi et al.，2014）。Ⅰ 类整合子（*IntI1*）和转座酶编码基因在蔬菜叶际普遍存在，表明基因水平转移可能存在于叶际（Chen et al.，2018a）。叶际和根际可能是植物和土壤生境中发生基因水平转移的关键区域。因为细胞聚集，在叶际形成生物膜的可能性很高。根际的细菌代谢率、迁移率和 MGEs 的检出率都很高（Van Elsas et al.，2003）。了解通过植物微生物组传播抗生素耐药性的各种潜在途径，对于控制或最大限度地减少抗生素耐药性的传播极为重要。

食物消费是人类微生物组接触自然微生物组的主要途径，植物微生物组是连接这两个微生物组的桥梁。食用新鲜蔬菜被全球公认为一种健康的饮食方式。然而，食用新鲜蔬菜也代表了人类直接接触土壤和植物微生物组中 ARGs 的途径（Marti et al.，2013）。尽管人们对土壤 ARGs 的多样性和丰富性进行了广泛的研究，但关于它们随后进入植物微生物组的探索却很少（Chen et al.，2019；Chen et al.，2020）。最近的几项研究表明，土壤中的 ARGs 可以迁移到植物内生菌和叶际微生物中（Cerqueira et al.，2019a；Cerqueira et al.，2019b；Chen et al.，2016；Chen et al.，2019；Zhang et al.，2019b；Zhang et al.，2020），从而进入食物链，最终对人类健康构成潜在威胁。此外，有机肥包括动物粪便和生物固体，可能会推动 ARGs 在土壤—植物系统中的进化和传播（Yang et al.，2018a）。加拿大 TOPP 课题组对蔬菜叶际的 46 种 ARGs 与 MGEs 进行检测，发现施用粪肥可使蔬菜叶际 ARGs 的种类增加（Marti et al.，2013）。朱永官课题组选择施用肥料 3 年的土壤进行盆栽实验，在生菜和苦菊中检测到 12 种与四环素及磺胺类相关的 ARGs（Wang et al.，2015）；有机生菜叶际 ARGs 的丰度是常规生菜的 8 倍（Zhu et al.，2017c）。畜禽粪肥的施用不仅增加了生菜根际的 ARGs 含量，也增加了根内生菌中的 ARGs 含量（Zhang et al.，2019b）。以上研究结果表明，粪肥施用会引起蔬菜的 ARGs 污染，尤其是生食蔬菜中的 ARGs 污染会对人体健康造成更大的风险。

ARGs 已被证明普遍存在于植物相关微生物组中，土壤微生物会迁移到植物组织内，成为植物内生菌，而对于蔬菜内生菌携带的 ARGs 种类、丰度及其与粪肥、土壤微生物和 ARGs 的相关性还鲜有研究报道。Chen 等（2019）的研究表明，植物种类对叶际微生物组的 ARGs 分布有显著影响，而植物内生 ARGs（特别是在生食蔬菜中）比叶际更值得关注，因为内生 ARGs 不能通过清洗等措施进行去除，因此，对人类健康构成了更严重的潜在威胁（Zhang et al.，2019b）。

4.2.2　土壤—蔬菜系统中耐药基因的分布与迁移

土壤是植物微生物中 ARGs 的重要来源，有机肥的施用促进 ARGs 在土壤—植物系统中的进化和传播。近年来生食蔬菜的消费量逐渐增长，而食用新鲜蔬菜导致蔬菜相关微生物和 ARGs 直接接触人体微生物组，增加了 ARGs 向人类肠道微生物和人类致病菌转移的潜在风险。蔬菜内生菌及其携带的 ARGs（内生 ARGs）无法通过清洗去除，对人类健康构成了更为严重的潜在威胁，故而内生 ARGs 比叶际 ARGs 和土壤 ARGs 更受关注。选择了香菜、苦菊、生菜和小白菜 4 种常见的叶类生食蔬菜进行盆栽实验，取根际土壤、根系和叶片样品，研究蔬菜种类对 ARGs 迁移和分布特征的影响。这项研究的结果有助于了解蔬菜内生抗性组的组成，为评估 ARGs 通过食物链向人类迁移的风险提供研究基础（Guo et al.，2021）。

（1）不同蔬菜微生物组中耐药基因的多样性与丰度

采用 Wafergen 智能芯片实时 PCR 系统进行 ARGs 的高通量定量 PCR 分析。PCR 共设置了 296 对引物，包括 285 种靶向 ARGs 和 10 种 MGEs（8 个转座酶基因、2 个 I 类整合子基因），以及 1 个 16S rRNA 基因。这 285 个 ARGs 的引物几乎覆盖了所有已知的 ARGs 类型。本研究在土壤和蔬菜根、叶内生微生物中共检测到 150 种 ARGs 和 9 种 MGEs，分别隶属于氨基糖苷类（Aminoglycoside）、β- 内酰胺类（Beta-lactam）、氯霉素类（Chloramphenicol）、大环内酯类 - 林肯酰胺类 - 链阳性菌素 B 类（MLSB）、多重耐药类（Multidrug）、磺胺类（Sulfonamide）、四环素类（Tetracycline）和万古霉素类（Vancomycin）ARGs。其中，根际土壤中检测出的 ARGs 数目最多（61～73 个），高于根（16～57 个）和叶（11～18 个）中检出的 ARGs 数目（图 4-23a）。小白菜的根内生 ARGs 数目显著高于其他 3 种蔬菜。在小白菜和苦菊根际土壤中检测出的 ARGs 数目显著高于香菜（$P < 0.05$）。

不同样品中 ARGs 的绝对丰度（拷贝数 /copies/gDw）也存在一定差异。小白菜根际土壤和根内生 ARGs 绝对丰度显著高于其他 3 种蔬菜，且小白菜叶内生 ARGs 丰度显著高于香菜和苦菊（$P < 0.05$）（图 4-23b）。因此，蔬菜种类对蔬菜微生物组中 ARGs 的绝对丰度有显著影响，与其他 3 种蔬菜相比，小白菜更加容易积累 ARGs。在根际土壤中，主要的 ARG 类型为 β- 内酰胺类、MLSB 类和多重耐药类，它们占每种蔬菜 ARG 总数的59%～89%。苦菊根际土壤、小白菜根和苦菊叶片中 MGEs 的绝对丰度显著高于其他样品类型（$P < 0.05$）（图 4-23b）。香菜、苦菊和小白菜叶片内生 ARGs 的绝对丰度显著低于根际土壤（$P < 0.05$）。这些结果表明，蔬菜种类和取样部位均显著影响蔬菜相关 ARGs 的绝对丰度（$P < 0.05$）。

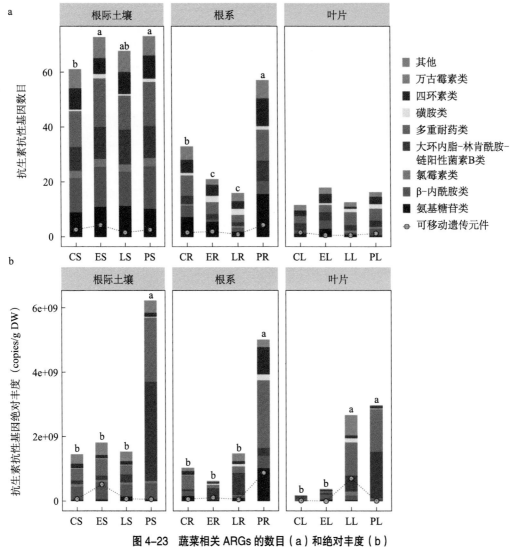

图 4-23 蔬菜相关 ARGs 的数目（a）和绝对丰度（b）

字母 C、E、L、P 分别代表香菜、苦菊、生菜、小白菜，字母 S、R、L 分别代表根际土壤、根系、叶片。

柱状图上方的字母代表差异，字母不同代表差异显著（$P < 0.05$）。

　　土壤和植物内生 ARGs 均属于 3 种主要的抗性机制：抗生素失活，细胞保护和外排泵。蔬菜种类对根际土壤的抗性机制影响较小，抗生素失活是所有样品中最主要的抗性机制（图 4-24）。蔬菜种类能够明显影响植物内生抗性组的抗性机制比例，对叶内生抗性机制的影响最为明显。例如，生菜叶片中抗生素失活机制占比少于 25%，而苦菊叶片占比将近 50%。

　　为研究不同样品中 ARGs 组成的特点，通过 PCoA 分析对 ARGs 数据进行分析（图 4-25a），不同样品中的 ARGs 存在差异。ARGs 按取样部位聚集，不同取样部位的样品显著分开（Adonis，$P < 0.05$）。与此同时，在每一个取样部位，相同蔬菜种类的样品聚集在一起，不同蔬菜种类的样品显著分开（Adonis，$P < 0.05$）。这一结果表明，与蔬菜种类相比，取样

部位是影响 ARGs 组成的更为重要的因素，蔬菜种类对叶内生 ARGs 的组成影响更为明显。

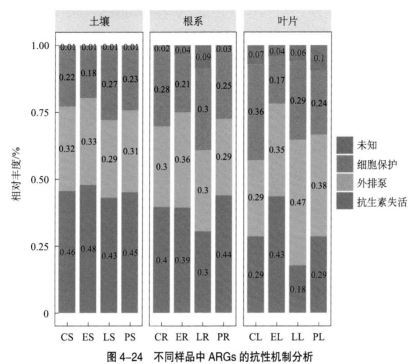

图 4-24　不同样品中 ARGs 的抗性机制分析

字母 C、E、L、P 分别代表香菜、苦菊、生菜、小白菜，字母 S、R、L 分别代表根际土壤、根系、叶片。

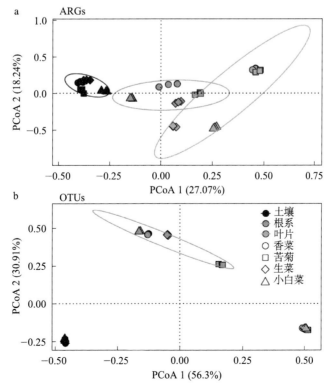

图 4-25　不同样品 ARGs（a）与细菌群落（b）组成的差异

采用双因素方差分析（非参）方法进一步探讨了蔬菜种类和取样部位对不同类型ARGs分布的影响（表4-2）。结果表明，蔬菜种类显著影响5种不同类型的ARGs分布，取样部位显著影响8种不同类型的ARGs分布。与蔬菜种类相比，取样部位对不同类型ARGs的影响更大。蔬菜种类和取样部位均显著影响MGEs的分布，二者的交互作用仅对MGEs有显著性影响。

表4-2 双因素方差分析方法揭示蔬菜种类和取样部位对不同类型ARGs和MGEs的影响

耐药基因类型	蔬菜种类		取样部位		交互作用	
	H值	P值	H值	P值	H值	P值
氨基糖苷类	2.32	0.509	18.13	<0.001 ***	10.01	0.124
β-内酰胺类	1.09	0.779	19.63	<0.001 ***	12.24	0.057
氯霉素类	7.96	0.047 *	14.86	0.001 ***	10.75	0.096
大环内脂类-林肯酰胺类-链阳性菌素B类	23.11	<0.001 ***	0.71	0.702	10.64	0.100
多重耐药类	21.11	<0.001 ***	2.12	0.346	10.94	0.090
磺胺类	16.72	0.001 ***	7.96	0.019 *	7.37	0.288
四环素类	7.31	0.063	16.29	<0.001 ***	7.43	0.283
万古霉素类	17.57	0.001 **	6.13	0.047 *	9.94	0.127
其他	2.42	0.490	29.83	<0.001 ***	1.22	0.976
MGEs	2.37	0.500	8.03	0.018 *	21.47	0.002 **
总和	5		8		1	

注：*、**、*** 分别表示显著性水平为0.05、0.01、0.001。

（2）不同蔬菜根际土壤和内生微生物的组成

为了测定样品中细菌的群落结构，应用 Illumina MiSeq 高通量测序平台，对细菌 16S rRNA 基因 V4~V5 区（引物 515F 5′-GTGCCAGCMGCCGCGG-3′ 和 907R 5′-CCGTCAATTCMTTTRAGTTT-3′）进行高通量测序，测序数据进行拼接和质控，再进行嵌合体过滤，得到可用于后续分析的有效数据。对样品的全部序列与数据库进行比对分析，相似度高于97%的序列聚类为一个OUT，并进行物种注释分析，得到所有OUT代表序列的微生物系统发育地位。用QIIME计算Shannon指数、Simpson指数，比较不同处理中细菌多样性的差异（图4-26）。结果显示，根际土壤中的细菌多样性最高，其次是根内生菌，叶内生菌多样性最低，蔬菜种类对不同取样部位的细菌多样性有显著影响。采用R语言vegan和ggplot2软件包绘制主坐标轴分析（PCoA）图，分析不同处理中细菌组成的差异（图4-25b）。结果表明，相同取样部位的样品聚在一起，而不同取样部位的样品显著分开（Adonis，P=0.001）。在每个取样部位，蔬菜种类均会显著影响细菌群落的组成

（Adonis，P=0.001）。以上结果表明，与蔬菜种类相比，取样部位是影响细菌群落组成更为重要的因素。

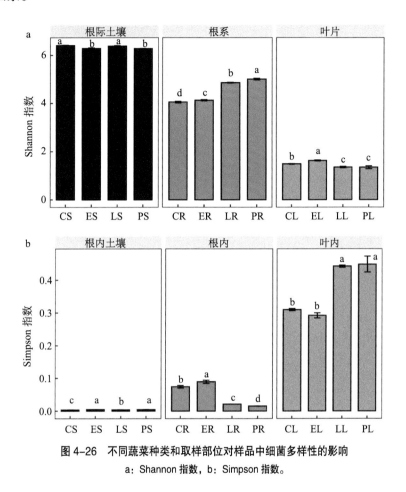

图 4-26　不同蔬菜种类和取样部位对样品中细菌多样性的影响
a：Shannon 指数，b：Simpson 指数。

从细菌门水平看，各处理样品中的优势细菌类群为变形菌门、放线菌门和厚壁菌门。在叶内生细菌中，3 类主要菌门所占比例超过 99%；在根内生细菌中，3 类主要菌门所占比例为 94%～98%；在根际土中，3 类主要菌门所占比例为 59%～63%。该结果进一步证明，细菌的多样性从根际土壤到叶片内生环境逐渐下降。与根际土壤相比，蔬菜种类对蔬菜内生细菌群落组成的影响更为明显，对叶片内生细菌的影响最大（图 4-27）。

（3）耐药基因与细菌群落的相关性分析

不同样品中 ARGs 多样性及丰度存在差异，细菌群落组成也存在差异，那么细菌群落组成是否与 ARGs 的分布存在相关性？对数据进行 Mantel 检验，结果表明，样品 ARGs 的分布与细菌群落组成显著相关（R=0.43，P=0.001）。对样品进行冗余分析（RDA）（图 4-28a）和方差分解分析（VPA）（图 4-28b），以便于进一步确定不同样品各细菌门细菌群落组成对 ARGs 分布的影响。在相对丰度前 10 的细菌门中，有 7 个门与 ARGs 的分布

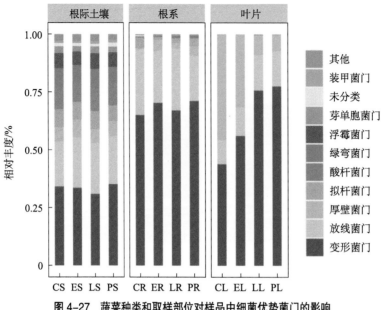

图 4-27　蔬菜种类和取样部位对样品中细菌优势菌门的影响

显著相关，且 MGEs 与 ARGs 显著相关，将其选择为解释变量进行分析（图 4-28a）。冗余分析结果表明，第一轴和第二轴共解释了不同样品中 ARGs 分布差异的 42.67%，厚壁菌门主要影响叶内生 ARGs 的分布，变形菌门主要影响根内生和叶内生 ARGs 的分布，MGEs 主要影响根际土壤中的 ARGs 分布。

　　为了研究细菌群落组成和 MGEs 对 ARGs 分布变异度的贡献率，对样品进行方差分解分析。细菌群落组成和 MGEs 对 ARGs 分布的总贡献率为 66%，其中，细菌群落组成是最重要的因素，对 ARGs 分布的贡献率为 58%，而 MGEs 以及细菌群落与 MGEs 的交互作用对 ARGs 分布的贡献率均为 4%（图 4-28b）。以上结果表明，细菌群落组成是影响 ARGs 分布的主要因素。

　　进一步分析了细菌群落组成与 ARG 类型之间的 Spearman 相关性（图 4-29a）。结果表明，拟杆菌门和绿弯菌门与 MGEs 和大多数 ARGs 呈显著正相关。厚壁菌门与 3 种不同的 ARGs 类型呈显著负相关，分别为氨基糖苷类、磺胺类和四环素类耐药基因。这些结果与图 4-29b 所示的回归分析结果一致。值得注意的是，在厚壁菌门和叶内生 ARGs 之间存在显著相关性，且为显著负相关（图 4-28a 和 4-29a）。回归分析结果表明，MGEs 的绝对丰度和 ARGs 总绝对丰度呈显著正相关（$P=0.0012$）（图 4-29b）。采用 FDR 校正的非参 Spearman 检验进一步分析了 MGEs 和不同类型 ARGs 绝对丰度之间的相关性（表 4-3）。结果表明，大多数 ARGs 类型与 MGEs 呈显著正相关，表明 ARGs 具有较高的水平基因转移（HGT）趋势。水平基因转移是人类病原菌从环境中获取 ARGs 的重要机制，而 MGEs

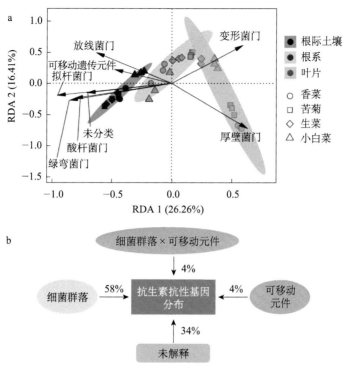

图 4-28　细菌群落（门水平）和 MGEs 对不同样品中 ARGs 分布的影响
a：冗余分析（RDA）；b：方差分解分析（VPA）。

被认为是 ARGs 发生水平基因转移的关键因素。MGEs 与大多数 ARGs 类型之间的显著正相关，表明 MGEs 对蔬菜相关 ARGs 的分布有重要影响。

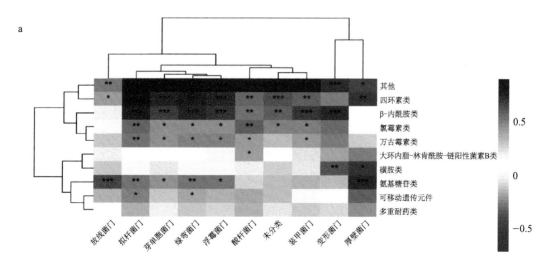

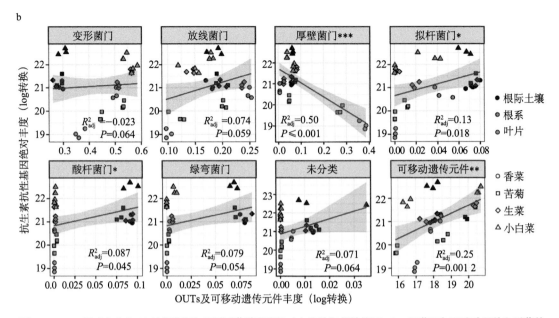

图4-29 a：相对丰度前10的细菌门与不同耐药基因型绝对丰度的相关性热图；b：细菌门与可移动元件和耐药基因总绝对丰度线性回归分析，阴影区域表示95%的置信区间。

*, **, *** 分别表示低于0.05、0.01和0.001的统计显著性水平，红色和蓝色分别表示正相关和负相关。

表4-3 双因素方差分析揭示蔬菜种类和取样部位对不同类型耐药基因的影响

耐药基因类型	R	P 值	显著性
氨基糖苷类	0.47	0.007	**
β-内酰胺类	0.41	0.021	*
氯霉素类	0.32	0.067	ns
大环内脂类-林肯酰胺类-链阳性菌素 B 类	0.19	0.268	ns
多重耐药类	0.47	0.007	**
其他	0.39	0.024	*
磺胺类	0.64	<0.001	***
四环素类	0.57	0.001	***
万古霉素类	0.47	0.007	**

　　为了进一步探索 ARGs 亚型和细菌群落（科水平）之间的共现模式，基于 Spearman 相关性进行了网络分析，揭示 ARGs 的潜在宿主信息。网络由 83 个节点（包括 ARGs 亚型、MGEs、细菌科）和 148 个边组成（图 4-30）。节点中共包括 1 个 MGE（*tnpA-02*）、75 个细菌科和 7 种不同的 ARGs，分别属于氨基糖苷类、β-内酰胺类、多重耐药类、四环素类和万古霉素类。在 75 个细菌科中，属于变形菌门的数量最多，有 31 个，其次属于放线菌门（17 个细菌科）和拟杆菌门（9 个细菌科）。与 β-内酰胺类耐药基因 *cphA-01* 显著相关

的细菌科最多，达 73 个，其中，29 个属于变形菌门。此外，某些细菌科同时与 MGEs 和 ARGs 显著相关，例如，属于变形菌门的醋杆菌科和属于拟杆菌门的鞘脂菌科。同时携带 ARGs 和 MGEs 的微生物可能会增加 ARGs 传播风险。5 种不同的 ARGs（*aacC2*，*cphA-01*，*fox5*，*oprD* 和 *pncA*）与 MGEs（*tnpA-02*，转座酶基因）显著相关，表明 MGEs 可能在不同细菌类群中促进这些 ARGs 的水平转移。这些结果与 VPA 分析的结果（图 4-28b）一致，表明细菌群落组成和 MGEs 都是影响不同样品 ARGs 分布的重要因素。

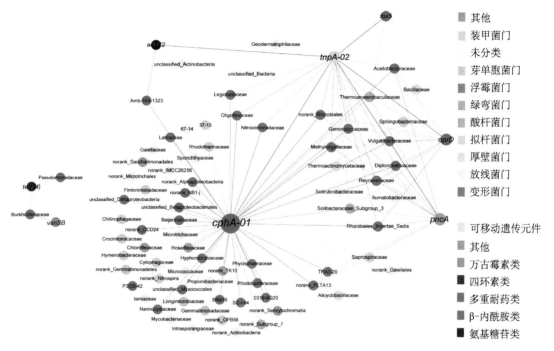

图 4-30　网络分析揭示细菌群落（科水平）、MGEs 和 ARGs 之间的共现模式
节点代表 ARGs、MGEs 或细菌科；节点大小代表与节点连接的边的数量；边代表显著相关（$P < 0.01$，$R > 0.7$）；
节点和边的颜色代表不同的细菌科、ARGs 和 MGEs。

（4）不同样品间共有耐药基因分析

图 4-31 显示了 4 种蔬菜不同取样部位的共有 ARGs。在根际土壤中，4 种蔬菜共有 50 种 ARGs（图 4-31a），数量最多；其次是共有的根内生 ARGs（9 种，图 4-31b），4 种蔬菜共有的叶内生 ARGs 数量最少，仅有 3 种，分别为 *aadE*、*tet(34)* 和 *vanSB*（图 4-31c），由于它们在叶类蔬菜的可食用部位中普遍存在，因此可能具有较高的潜在风险。在图 4-30 中可以看到叶内生共有 ARGs 与微生物的共现模式，3 种共有 ARGs 中的 2 种 [*tet(34)* 和 *vanSB*] 与假单胞菌科和伯克氏菌科显著相关，且这 2 种 ARGs 与 2 个细菌科单独聚为一簇，与其他 ARGs 和细菌科分开。此外，假单胞菌科和伯克氏菌科均为 4 种蔬菜共有的叶内生细菌科。这些结果表明，不同蔬菜之间共有的内生细菌可能是其共有 ARGs 的潜在宿主。假单胞菌科和伯克氏菌科的部分菌株是人类致病菌，因此，ARGs 与

这 2 个科之间的显著相关可能代表了较高的潜在健康风险。

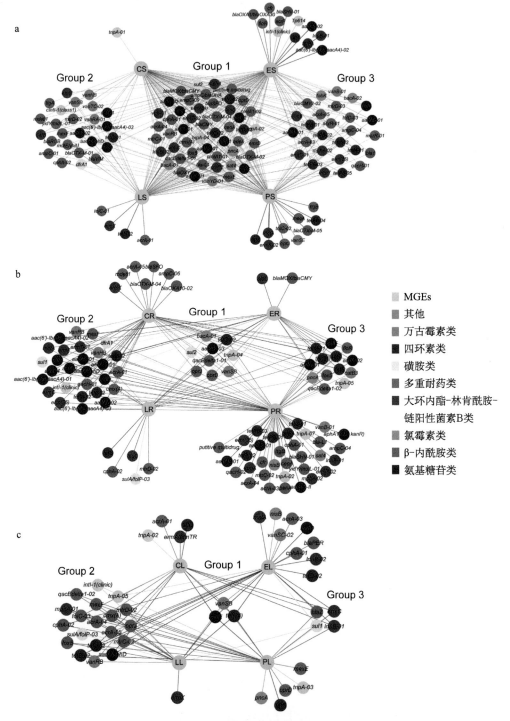

图4-31　4种蔬菜不同取样部位共有和特有的 ARGs 与 MGEs

a：根际土壤；b：根系；c：叶片。Group 1 表示 4 种蔬菜之间共有的 ARGs，Group 2 表示 2 种蔬菜之间共有的 ARGs，

Group 3 表示 3 种蔬菜之间共有的 ARGs。

　　采用双分网络分析每种蔬菜不同取样部位（根际土壤、根系和叶片；图 4-32）之间的共有 ARGs，目的是确定蔬菜种类对 ARGs 潜在迁移途径（从土壤到叶片）的影响。在 3 个不同取样部位之间共有的 ARGs 有较高的可迁移风险。小白菜根际土壤、根系和叶片中有 6 种共有 ARGs（图 4-32d），在香菜和生菜中均有 4 种共有 ARGs（图 4-32a，c），而在苦菊中只有 2 种共有 ARGs（图 4-32b）。这一结果表明，蔬菜种类可能会影响土壤—蔬菜系统中 ARGs 的潜在迁移途径，在小白菜中有较多种类的 ARGs 更加容易从根际土壤向叶内生环境迁移。在这 4 种不同的蔬菜中，根际土壤和根内生环境共有的 ARGs 数量较多（9～35 个），而根际土壤与叶内生环境、根内生环境与叶内生环境中共有的 ARGs 数量较少（2～6 个；图 4-32）。该结果与 Zhang 等（2019）研究的结果一致，即较多种类的 ARGs 更容易从根际土壤传播到根内生环境，但是只有少数可以进一步传播到叶内生环境。

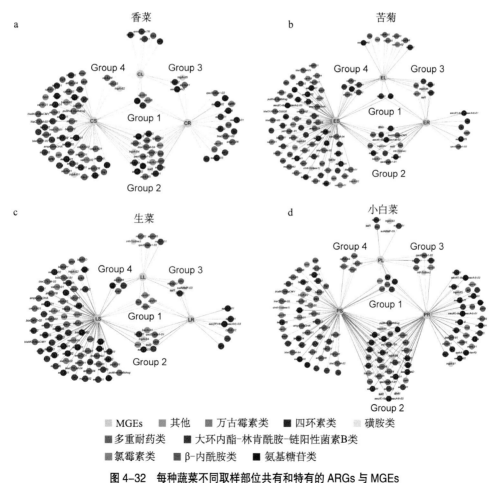

图 4-32　每种蔬菜不同取样部位共有和特有的 ARGs 与 MGEs

a：香菜；b：苦菊；c：生菜；d：小白菜；Group 1 表示每种蔬菜 3 个不同取样部位之间共有的 ARGs；

Group 2、3、4 表示每种蔬菜 2 个不同取样部位之间共有的 ARGs。

4.3 土壤噬菌体介导的抗生素耐药基因水平转移

ARGs 在微生物群落中的转移主要通过 2 种方式：垂直转移和水平转移。垂直转移指耐药细菌在发生二分裂进行繁殖时，ARGs 可以从亲代传递到子代。但水平基因转移（Horizontal gene transfer，HGT）才是 ARGs 在环境中富集扩散的主要原因。ARGs 可通过 3 种机制进行水平转移：即质粒等 MGEs 介导的接合作用，游离 DNA 的转化作用以及噬菌体介导的转导作用。其中，接合作用被普遍认为是细菌 ARGs 水平转移的主要方式（Balcázar，2018；Muniesa et al.，2013）。因此，各种环境介质中 ARGs 与 MGEs（质粒、转座子、整合子等）之间的相关性得到了广泛研究。尽管噬菌体可以转导供体细胞内的任何 DNA 片段（包括质粒 DNA）给受体细胞，但是，噬菌体与抗生素耐药性之间的关系一直未得到重视和深入研究。

噬菌体作为细菌病毒，是地球上最丰富多样的生物体，其数量约为 10^{31} 个，是细菌的 10 倍（Dion et al.，2020），而且近 50% 的细菌基因组中存在原噬菌体序列（Johnson et al.，2017）。噬菌体对于全球生态系统的微生物群落组成与动态、生物地球化学循环和细菌进化等都具有重要作用。随着宏基因组测序和生物信息学技术的不断进步，微生物世界的"暗物质"——环境病毒组（主要由噬菌体构成）研究得到了较快发展。肠道病毒组的研究表明，小鼠肠道噬菌体会因为饲喂抗生素而富集 ARGs（Modi et al.，2013），这些携带 ARGs 的噬菌体侵染肠道细菌后会引起耐药菌数量的增加。全球海洋病毒组的分析发现，噬菌体 DNA 中 ARGs 的相对丰度为 0.004%～0.22%（Calero-Cáceres and Balcázar，2019）。定量 PCR（qPCR）分析的结果也表明，河水、污水、土壤、畜禽粪便等环境样品的噬菌体 DNA 中都存在多种 ARGs（Larrañaga et al.，2018；Sun et al.，2018；Wang et al.，2018b；Yang et al.，2018b）。

传统观点认为，噬菌体通过普遍性转导和局限性转导两种机制在细菌之间转移基因。无论哪种转导方式，因为"错装"宿主 DNA 片段进而发生基因转移的频率很低（10^{-9}～10^{-7}）（Muniesa et al.，2013）。Kenzaka 等（2010）应用 DNA 原位扩增技术（CPRINS-FISH）发现水环境中噬菌体的转导频率达到了 10^{-3}～10^{-2}，这比预想的高了几个数量级（接近 1%）。最近，Chen 等（2018b）在金黄色葡萄球菌温和噬菌体介导的水平基因转移过程中发现了第三种转导机制，该方式能在极高的频率下使大片段的染色体 DNA（几百 kb）在细菌之间转移。以上研究结果表明，随着对噬菌体及其转导机制了解的不断深入，噬菌体介导的基因水平转移频率可能远高于预期。这表明，噬菌体不但是各种环境介质中 ARGs 的一个重要储存库，而且其介导的转导作用可能是比接合更重要的一种 ARGs 水平转移方式。

农田土壤作为 ARGs 的巨大储存库，一直是环境抗生素耐药性研究的主要对象。农田土壤噬菌体的丰度约为 $10^7 \sim 10^9/g$，并且与土壤细菌丰度显著正相关（Williamson et al.，2017）。农田土壤中种类丰度、数量巨大的细菌和噬菌体为它们的相互作用以及基因转移提供了物质基础。最近的研究表明，农田土壤分离的噬菌体 DNA 中存在四环素、磺胺、β- 内酰胺、喹诺酮等多种抗生素的 ARGs 亚型（Larrañaga et al.，2018；Sun et al.，2018），尽管其检出率和丰度通常低于细菌基因组中相同的 ARGs，但由于噬菌体能通过转导作用转移这些 ARGs，因此，其风险可能比细菌基因组中的 ARGs 更大（Calero-Cáceres et al.，2019）。

4.3.1　不同施肥方式农田土壤病毒组携带的耐药基因

土壤抗生素耐药性的研究到现阶段，已基本明确土壤 ARGs 整体上的种类和丰度，ARGs 与土壤细菌的生物网络关系也在逐渐建立，但对可移动 ARGs（可移动抗性组）的认知还很有限，因此，很难对 ARGs 的风险进行合理评估，而土壤噬菌体基因组中 ARGs 的研究可为其提供基础数据与理论支持。但是，噬菌体及其介导的转导作用对土壤抗生素耐药性的贡献还知之甚少，这在一定程度上限制了人们对土壤微生物抗生素耐药性的全面认知，以及对耐药细菌快速进化机制的详细了解。因此，解析土壤噬菌体中 ARGs 的分布特征、影响因素与水平转移规律，是土壤抗生素耐药性研究的重要组成部分，同时，对于理解耐药菌的快速进化以及噬菌体在土壤微生物生态中的作用也具有重要意义。

利用宏基因组测序平台研究了肥料种类 [不施肥（CK）、单施化肥（IF）、单施有机肥（OF）、化肥与有机肥混合施用（MF）] 对土壤噬菌体中 ARGs（pARGs）赋存特征的影响。每个样品产生了不少于 15 Gb 数据，共产生 93.9 Gb。原始三代 Nanopore 测序数据（Raw data），单个样品数据量不低于目标数据的 90%。但由于原始测序数据可能包含低质量序列、接头序列等，为了保证信息分析结果的可靠性，需要经过过滤，从而得到 35.49 Gb 的过滤后的数据（clean reads）。各样品的 reads 数目在 1 384 771～2 816 309 bp，平均长度在 2 887～5 586 bp，N50 均在 8 000 bp 之上（表 4-4）。随后在碱基识别（Base calling）过程中通过一种预测碱基判别发生错误概率模型计算出测序质量值（Q_socre），对于三代 Nanopore 测序数据选用 pass reads（即平均质量值大于 7 的序列），后续分析都基于此数据。

表 4-4　不同施肥处理土壤样品中噬菌体基因组测序结果

样本	Reads 数目/bp	Reads 平均长度/bp	最大 Reads 长度/bp	N50/bp	样本数据量/G
CK	2 756 988	2 887	242 770	8 206	7.96
IF	1 384 771	4 185	203 100	10 919	5.80
MF	1 413 933	5 586	252 688	19 619	7.90
OF	2 816 309	4 911	163 876	13 314	13.83

注：CK：不施肥土壤；IF：单施化肥土壤；MF：化肥与有机肥混合施用；OF：单施有机肥土壤。

（1）肥料种类对土壤噬菌体中 ARGs 多样性和丰度的影响

将 Nanopore 测序数据基于 SARG v2.0 数据库（http://smile.hku.hk/SARGs/）进行 ARGs 鉴定（图 4-33）。所有样品中共比对到 18 种 ARGs 大类。其中，CK 样品噬菌体所携带 ARGs 以春雷霉素类抗性（56.33%）为主，其次为喹诺酮类（11.64%）及甲氧苄啶类（9.78%）抗性。MF 样品噬菌体所携带的 ARGs 主要类型与 CK 相同，但春雷霉素类 ARGs 丰度有所降低（41.54%），喹诺酮类 ARGs 略有增加（13.69%），其次为氨基糖苷类 ARGs（10.63%）。IF 样品中噬菌体基因组中则以喹诺酮类（34.03%）、氨基糖苷类（25.40%）和甲氧苄啶类（22.34%）为主要的 ARGs 类型。OF 样品中 ARGs 类型最为丰富，其中，四环素类 ARGs 相对丰度最高，为 29.13%，其次为喹诺酮类（20.98%）、氨基糖苷类（17.56%）和甲氧苄啶类（11.37%）ARGs。通过与 CK 相比可知，联合施用化肥和有机肥（MF）对土壤噬菌体中 ARGs 类型的影响不大，但化肥（IF）或有机肥（OF）单独施用则会影响噬菌体所携带的主要 ARGs 类型。

不同肥料处理后土壤噬菌体中所携带的 ARGs 亚型的多样性及丰度如图 4-34 所示。通过数据库比对共鉴定到包含喹诺酮类、氨基糖苷类、磺胺类、β- 内酰胺类、春雷霉素类、万古霉素类、磷霉素类、甲氧苄啶类、四环素类、多重耐药类、大环内酯 - 林肯酰胺 - 链阳菌素类、嘌呤霉素类、利福霉素类共计 51 种 ARGs 亚型，其中，CK、IF、MF、OF 土壤噬菌体中分别携带 39 种、26 种、22 种、36 种 ARGs 亚型。3 种不同施肥方案相比，单独施用有机肥（OF）会导致土壤噬菌体中 ARGs 的多样性增加。值得注意的是，某些 ARGs 亚型仅存在于特定的土壤样品中，例如，*ompR*、*sdiA*、*apmD* 和 *aac（3）-IV* 仅出现在单独施用有机肥（OF）的土壤样品中，而 *ompR* 和 *rplC* 分别只在有机肥 + 化肥联合施用（MF）的土壤中被比对出。CK 中特有的 ARGs 有 7 种，分别为 *opcM*、*parE*、*ompk（F）*、*kgmb*、*fos*、*ykkd* 和 *class-D-β-lactamase*。

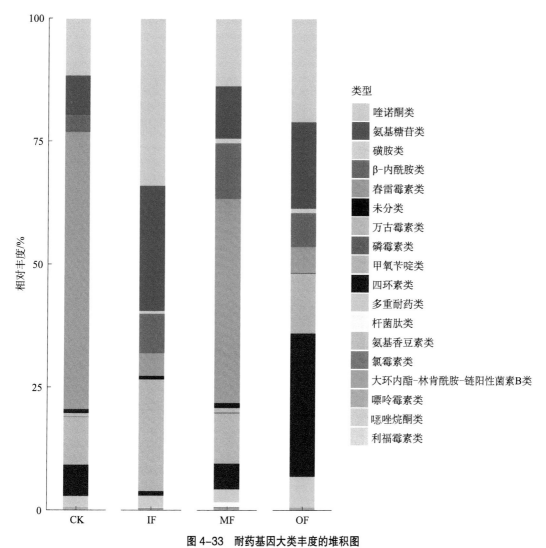

图 4-33　耐药基因大类丰度的堆积图

CK、IF、MF、OF 分别表示不施肥、单施化肥、有机肥化肥联合施用、单施有机肥。

通过 PCoA 分析研究不同样品中 ARGs 组成的特点（图 4-35）。由图可知，不同样品处于不同象限，ARGs 按不同的施肥方案分离开来（Adonis，$P < 0.05$）。这一结果表明，样品间 ARGs 的赋存特征存在差异。肥料种类是影响土壤噬菌体中 ARGs 组成的较为重要的因素。

（2）肥料种类对土壤病毒群落的影响

本研究使用 Kraken2＋Bracken 做物种注释，直接通过 clean reads 与 marker 基因集比对，对样品中病毒进行精确到种水平的物种注释。门及纲水平上未注释，在目水平上，IF 及 OF 样品各注释 1 个。CK、IF 及 MF 样品各注释得到 2 个科，OF 科水平上最多（3 个）。属水平上则仅在 OF 样品中注释得到的 1 个，至于种水平，OF 注释 4 个种，其他处理均为 3 个（表 4-5）。

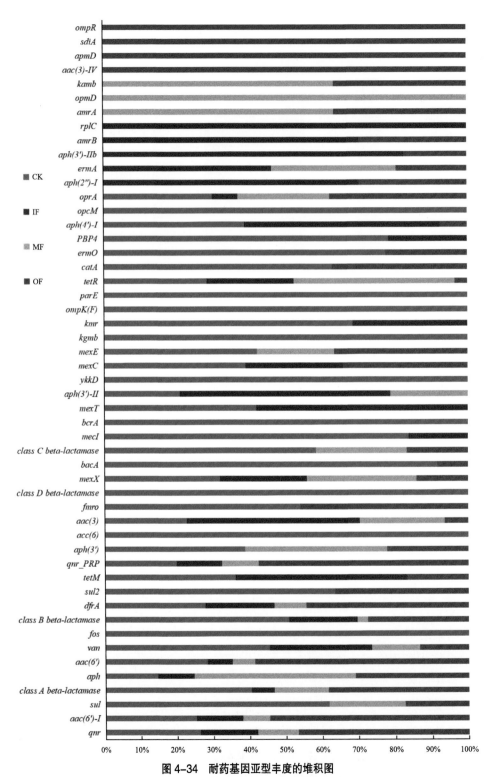

图 4-34 耐药基因亚型丰度的堆积图

CK、IF、MF、OF 分别表示不施肥、单施化肥、有机肥化肥联合施用、单施有机肥。

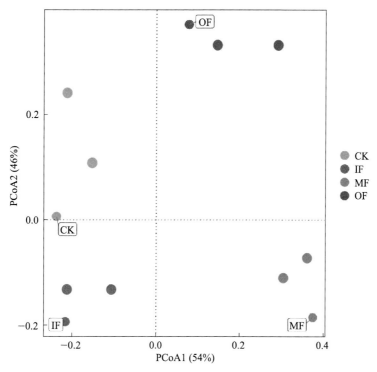

图 4-35　不同土壤样品中噬菌体携带的 ARGs 的差异

CK、IF、MF、OF 分别表示不施肥、单施化肥、有机肥化肥联合施用、单施有机肥。

表 4-5　不同施肥处理土壤样品中病毒分类等级统计表

样品	界	门	纲	目	科	属	种
CK	1	0	0	0	2	0	2
IF	1	0	0	1	2	0	2
MF	1	0	0	0	2	0	2
OF	1	0	0	1	3	1	4

通过多轴气泡图展示施肥种类对于病毒群落均匀度（Evenness）和丰度（Richness）的影响。结果表明，肥料种类对病毒的群落组成具有不同的影响（图 4-36）。Chao1 指数在生态学中作为度量物种丰度的指标，相比较于其他 3 个处理，有机肥的施用会使该指数增加，这表明有机肥的长期施用会使土壤病毒群落的物种越来越丰富。物种丰度指数（Richness）为群落中丰度大于 0 的物种数之和，值越大表明群落中物种种类越丰富，肥料种类对该参数的影响与 Chao1 基本相同。Simpson 指数随着物种丰度的增加而降低，CK、IF、MF 和 OF 分别为 0.997、0.953、0.708 和 0.483。相反，Shannon 指数则与生物多样性呈现正相关，OF 样品中该参数的数值最大。以上 4 个参数的分析表明，施用有机肥（MF 和 OF）会使土壤中病毒群落的生物多样性增加。

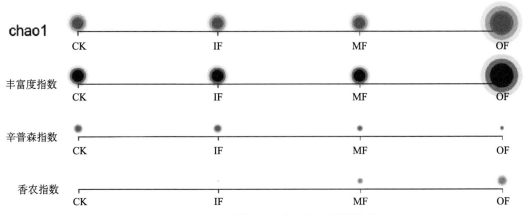

图 4-36　不同土壤样品中病毒组成 α- 多样性指数
CK、IF、MF、OF 分别表示不施肥、单施化肥、有机肥化肥联合施用、单施有机肥。

不同施肥条件下各土壤样品的病毒群落组成如图 4-37 所示。病毒科水平上，除 IF 样品以 Podoviridae 为优势科，其他 3 个样品中 Genomoviridae 占据绝对优势。属水平上，仅在 OF 样品中注释得到 1 个属，为 *Gemycircularvirus*。种水平上，结果大部分为未分类的病毒，在 IF 样品中注释得到少量的 *Streptomyces phage WRightOn*，MF 中 *Genomoviridae* sp. 为主要种。相比较而言，OF 样品中病毒的多样性较高，以 *Genomoviridae* sp. 为主要优势种，此外，还有少量 *Sinorhizobium phage ort11* 和 *Murine feces-associated gemycircularvirus1* 的存在。

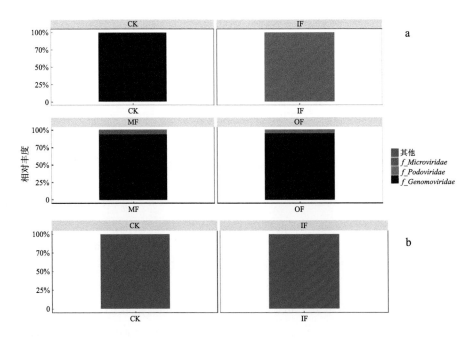

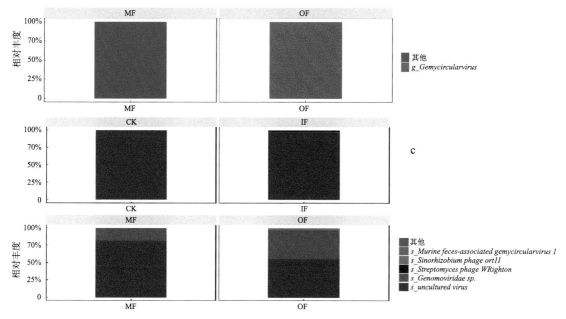

图 4-37　不同土壤样品中病毒组成：科水平（a）、属水平（b）、种水平（c）

CK、IF、MF、OF 分别表示不施肥、单施化肥、有机肥化肥联合施用、单施有机肥。

（3）肥料种类影响土壤噬菌体中 ARGs 赋存的驱动机制

①细菌群落与噬菌体中 ARGs 的相关性分析

使用 Kraken2 + Bracken 对细菌进行物种注释。在门水平上，CK、IF、MF、OF 分别鉴定到 48 个、44 个、36 个、43 个菌门；在属水平上，分别注释到 1 379 个、1 197 个、1 045 个、1 312 个菌属。整体来看，不同的施肥方案对土壤细菌群落的影响各不相同，我们展示了丰度前 20 的细菌属（图 4-38）。其中，CK 样品中以 *Bacillus* 为优势菌属。MF 中的优势菌则为 *Pseudomonas*。IF 和 MF 中 *Streptomyces*、*Bacillus*、*Pseudomonas* 的丰度相当，差异之处在于 IF 中 *Shingomonas* 的丰度较高，OF 中 *Candidatus Cloacimonas* 的丰度明显增加。

细菌作为噬菌体的宿主，与噬菌体中的 ARGs（pARGs）间存在一定的相关关系。因此，为探究细菌群落（属水平）对不同施肥条件下土壤 pARGs 分布的影响，将二者进行了相关性分析（图 4-39）。*Chryseobacterium* 与喹喏酮类和氨基糖胺类 pARGs 呈现显著正相关关系（P<0.01）。*Themoplasma* 与 4 类 pARGs 呈显著正相关（P<0.01），包括磷霉素、杆菌肽、氨基香豆素和嘌呤霉素耐药基因。

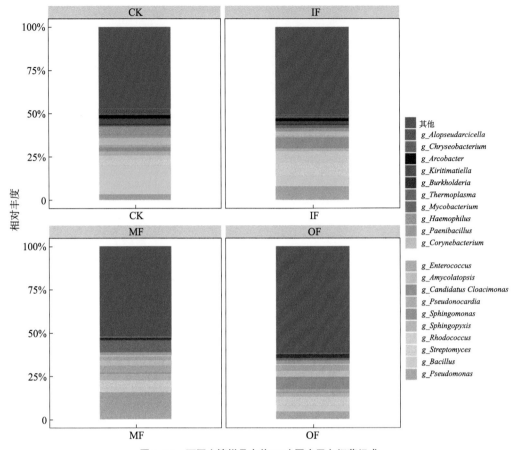

图 4-38　不同土壤样品中前 20（属水平）细菌组成

CK、IF、MF、OF 分别表示不施肥、单施化肥、有机肥化肥联合施用、单施有机肥。

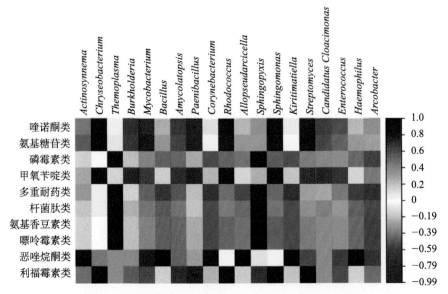

图 4-39　细菌组成前 20（属水平）与 pARGs 的相关性关系

*，** 分别表示低于 0.05 和 0.01 的统计显著性水平，红色表示正相关，蓝色表示负相关。

②病毒群落与噬菌体中 ARGs 的相关性分析

病毒群落（科水平）与 pARGs 间的相关关系如图 4-40 所示。Microviridae 与 5 类 pARGs 有相关关系，其中，与磷霉素、氨基香豆素及 MLSB 耐药基因呈极显著正相关关系（$P<0.01$），与多重耐药和杆菌肽耐药基因呈显著正相关关系（$P<0.05$）。利福霉素类耐药基因与 Podoviridae 呈显著正相关（$P<0.05$），与 Genomoviridae 呈显著负相关（$P<0.05$）。

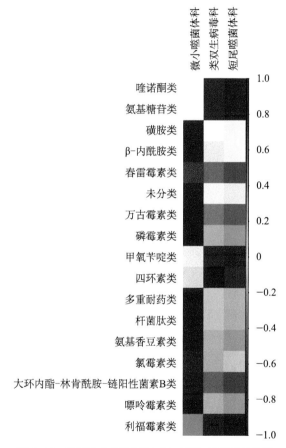

图 4-40　群落组成（科水平）与 pARGs 的相关性关系

*，** 分别表示低于 0.05 和 0.01 的统计显著性水平，红色表示正相关，蓝色表示负相关。

③土壤理化性质与 pARGs 的相关性分析

研究发现，不同环境介质中重金属浓度和一些其他理化因子均与 pARGs 的丰度有显著相关性，因此，对 4 种不同施肥处理的农田土壤理化性质进行测定分析，包括重金属元素砷（As）、汞（Hg）、铜（Cu）、铬（Cr）、镉（Cd）、铅（Pb）、锌（Zn）和 pH 值，以及营养因子有机质（OM）、有效磷（AP）、有效钾（AK）、总氮（TN），结果见表 4-6 所示。分析发现，As、Hg、Cr 元素在单施化肥处理组中含量最高，Cd 元素在单施有机肥中最高，Cu、Pb、Zn 在常规施肥中含量最高，可见，重金属元素可能通过肥料的施加进入土壤，从而增加土壤中重金属元素的含量。4 种处理的土壤均显现为弱碱性，CK 组碱性最强，然后 IF、OF、MF 依次有不同程度上的降低。在不同施肥处理土壤样本中，IF、OF 和 MF 处理组的重金属元素和营养因子含量均高于 CK 对照组，其中，Cr、Zn 元素和营养因子的含量增长较为显著，说明施肥对土壤理化性质有较大影响。相关性热图（图 4-41）表明，Pb 与磺胺类 pARGs 呈正相关（$P<0.05$）。多重耐药类 pARGs 与多项理化因子存在相关关系，其中与 Cu、Zn、OM、AP、AK、TN 为正相关关系（$P<0.05$），与 pH 值为负相关关系（$P<0.05$）。

表 4-6　不同施肥处理农田土壤理化性质

环境因子	CK	IF	OF	MF
As/（mg/kg）	9.44±0.50	11.08±0.72	10.48±0.67	10.20±0.1.03
Hg/（mg/kg）	0.07±0.05	0.10±0.03	0.08±0.03	0.08±0.01
Cu/（mg/kg）	25.92±1.42	30.65±2.56	33.06±1.68	33.23±3.55
Cr/（mg/kg）	66.23±2.25	75.09±3.48	72.11±1.17	72.90±5.11
Cd/（mg/kg）	0.42±0.08	0.47±0.12	0.56±0.10	0.55±0.08
Pb/（mg/kg）	20.66±0.89	22.49±1.87	21.84±0.27	22.92±0.75
Zn/（mg/kg）	64.60±2.58	77.10±5.90	90.49±9.77	104.48±24.11
pH 值	8.61±0.18	8.03±0.16	7.77±0.13	7.66±0.21
OM/（g/kg）	10.07±1.10	13.77±0.93	31.67±3.65	34.58±9.08
AP/（mg/kg）	15.33±5.28	65.45±7.07	155.90±58.71	162.30±45.72
AK/（mg/kg）	115.83±27.31	322.33±165.68	572.00±222.30	956.83±463.73
TN/（%）	0.08±0.01	0.11±0.01	0.25±0.02	0.29±0.07

④细菌、病毒群落和理化性质对 pARGs 赋存的影响

为了进一步研究细菌、病毒群落和土壤理化性质对 pARGs 分布变异度的贡献率，对样品进行方差分解分析（VPA）（图 4-42）。结果表明，病毒群落是三者中最重要的因素，对 ARGs 分布的贡献率为 23.92%，其次为细菌群落组成，贡献率为 15.32%，最后是土壤理化性质，贡献率为 7.83%。细菌群落与病毒群落交互作用的贡献率为 21.27%，细菌群落与土壤性质交互作用的贡献率为 3.94%。病毒群落和理化性质交互作用的贡献率为 13.81%，3 个影响因素交互作用的贡献率为 18.86%，此外有 8.86% 的比例无法用以上因素来解释。

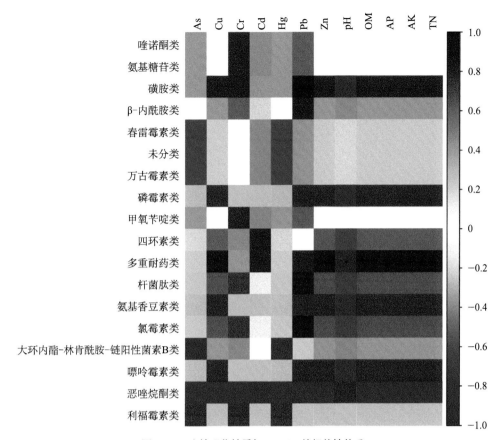

图 4-41 土壤理化性质与 pARGs 的相关性关系

*，** 分别表示低于 0.05 和 0.01 的统计显著性水平，红色表示正相关，蓝色表示负相关。

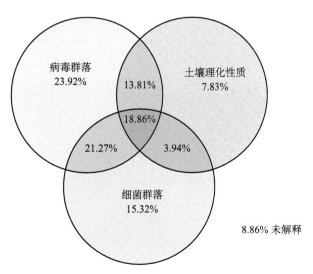

图 4-42 土壤理化性质、细菌及病毒群落对 pARGs 赋存的 VPA 分析

4.3.2 不同施肥量条件下农田土壤噬菌体携带的耐药基因赋存特征

上述的研究表明，有机肥的施用会导致土壤噬菌体所携带的 ARGs 多样性和丰度的增加。由此，通过温室盆栽实验进一步开展了有机肥施用量对土壤噬菌体编码的 ARGs 分布特征及其驱动机制的研究。将风干土壤、蛭石（1 mm 粒径）和不同用量的风干鸡粪（粉碎并过 2 mm 筛子）混匀，调整施肥量分别为 0、2%、4%、6%、8%、10%。种植生菜 40 d 后，采集盆中土壤，提取细菌和噬菌体 DNA，利用高通量 qPCR 技术测定 ARGs 的多样性和丰度。对土壤中细菌群落进行了宏基因组测序，同时，测定了土壤的理化性质，通过相关性分析来探究影响噬菌体中 ARGs 分布特征的关键因素。

（1）施肥量对土壤细菌和噬菌体携带耐药基因多样性和丰度的影响

不同有机肥施用量下土壤细菌和噬菌体 DNA 中 ARGs 检出数如图 4-43 所示。整体上看，在同一施肥量下，细菌 DNA 携带的 ARGs（bARGs）数目均高于噬菌体（pARGs），其中，添

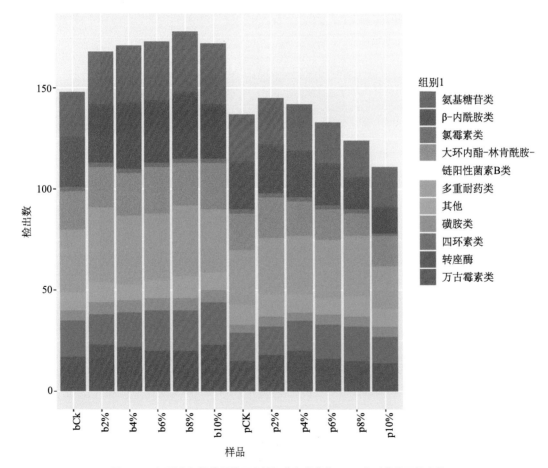

图 4-43 不同有机肥施用量下土壤细菌和噬菌体 DNA 中耐药基因检出数

pCK、p2%、p4%、p6%、p8%、p10% 及 bCK、b2%、b4%、b6%、b8%、b10% 分别代表施肥量在 0、2%、4%、6%、8%、10% 时噬菌体及细菌中的 ARGs。

加 8% 有机肥的处理中，bARGs 数目最高，达到 180 个。不同有机肥施用量条件下 pARGs 数目范围在 111～147。此外，施肥量对 bARGs 和 pARGs 数目也有一定影响。其中，bARGs 检出数随有机肥施用量的增加而增加，当施用量由 0 增至 8% 时，bARGs 检出数由 150 增至 180，但 pARGs 数目未呈现此规律。除 pCK 外，pARGs 检出数随有机肥的增加而降低。

不同有机肥施用量下土壤细菌和噬菌体 DNA 中 ARGs 的主要类型共检测到 9 类。土壤细菌和噬菌体 DNA 中 ARGs 类型无明显差异，两者均以氨基糖苷类、β- 内酰胺类、MLSB 类、多重耐药类、四环素类及万古霉素类为主要 ARGs 类型。此外，还检测出少量的氯霉素类耐药基因（图 4-43）。

对土壤噬菌体和细菌基因组中 ARGs 亚型在不同施肥处理中的丰度进行对比，结果如图 4-44 所示。通过 HT-PCR 技术共检测了 248 个 ARGs 亚型，其中，有 26 种未检测到。

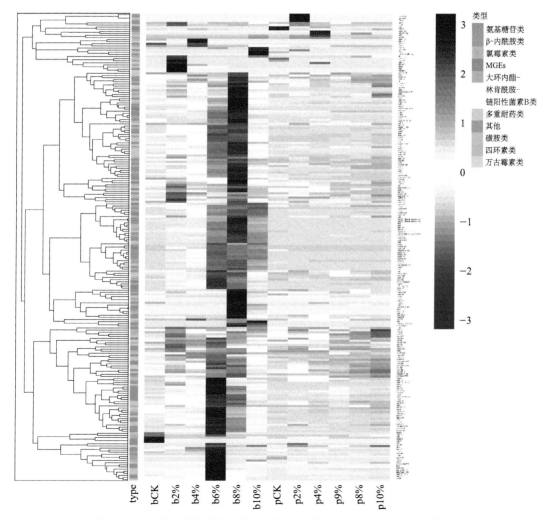

图 4-44　不同有机肥施用量条件下土壤细菌和噬菌体 DNA 中 ARGs 亚型热图
pCK、p2%、p4%、p6%、p8%、p10% 及 bCK、b2%、b4%、b6%、b8%、b10% 分别代表施肥量在 0、2%、4%、6%、8%、
10% 噬菌体及细菌中的 ARGs。

而在检出的 222 个 ARGs 亚型中，细菌 DNA 中的丰度和多样性均明显高于噬菌体，且随着施肥量的增加，细菌和噬菌体所携带的优势 ARGs 的种类均发生改变。值得注意的是，在噬菌体中，*msrA-01*、*spcN-01*、*qacA*、*blaIMP-02*、*tetV* 的富集程度高于细菌，而 *fosX*、*nisB*、*tet(37)*、*tet(34)*、*bla1*、*vanXD* 在细菌与噬菌体中均具有较高的丰度，表明存在较高的转移风险。

对土壤噬菌体和细菌基因组中 ARGs 的抗性机制进行了分析，结果见图 4-45。无论是在细菌组分或是在噬菌体组分中，抗生素失活、细胞保护、外排泵都是主要的抗性机制。

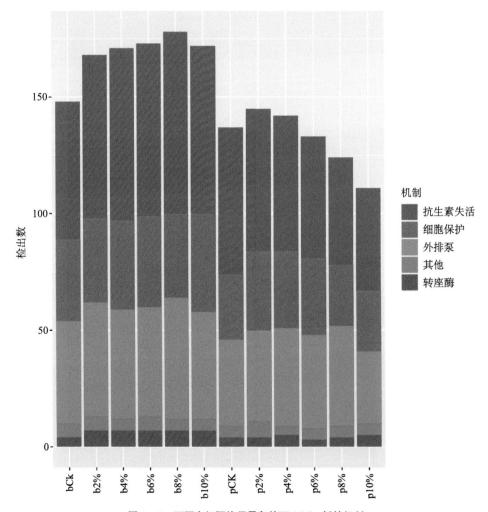

图 4-45　不同有机肥施用量条件下 ARGs 抵抗机制

pCK、p2%、p4%、p6%、p8%、p10% 及 bCK、b2%、b4%、b6%、b8%、b10% 分别代表施肥量在 0、2%、4%、6%、8%、10% 噬菌体及细菌中的 ARGs。

（2）bARGs 和 pARGs 间的相关关系

为了进一步明确噬菌体 DNA 中的 ARGs 与细菌基因组中 ARGs 的相关关系，我们分别对不同施肥量处理条件下，农田土壤中噬菌体和细菌携带 ARGs 丰度进行线性回归分析，结果如图 4-46 所示。在 0、2%、4%、6%、8%、10% 这 6 个不同施肥量处理中，土壤噬菌体与细菌携带的 ARGs 丰度之间均存在极显著的正相关性（$P<0.001$），其中，CK 处理组中二者相关性最强（$R^2=0.652$），其次为 10% 处理组（$R^2=0.635$）、4% 和 8% 处理组（$R^2=0.583$、0.525）、2%（$R^2=0.498$），而 6% 处理组中二者的相关系数最小（$R^2=0.323$）。

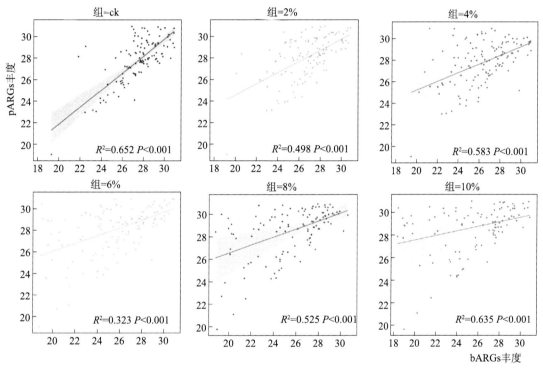

图 4-46 不同有机肥施用量条件下土壤细菌和噬菌体 DNA 中 ARGs 亚型热图
"bARGs" 表示细菌 DNA 中的 ARGs，"pARGs" 表示噬菌体 DNA 中的 ARGs；图中阴影区域表示 95% 的置信区间；CK、2%、4%、6%、8%、10% 分别代表施肥量在 0、2%、4%、6%、8%、10% 的土壤样品。

（3）施肥量影响 pARGs 赋存的驱动机制

①理化性质

土壤的理化性质，如 pH 值、养分及重金属会影响土壤中 ARGs 的赋存特征。因此，测定了不同施肥量条件下土壤的理化性质（表 4-7）。大量的研究表明重金属影响 ARGs 的多样性和丰度，为此，我们对土壤的重金属（As、Hg、Cu、Zn、Cr、Cd、Pb）进行了测定。结果表明，除了 Cd 和 Pb 外，有机肥的施用可增加土壤中其他 5 种重金属的含量，有机肥施用量越高，重金属含量也随之增加。有机肥的施用会显著降低土壤的 pH 值，降低幅度与有机肥的施用量成正比。有机肥施用后土壤中的有机质（OM）、有效磷（AP）、有效钾（AK）及总氮（TN）的含量明显增加，同时，有机肥施用量越高，这些养分在土壤中的含量也越高。

表 4-7　不同施肥量条件下处理农田土壤的理化性质

环境因子	CK	2%	4%	6%	8%	10%
As/（mg/kg）	8.28±0.03	8.07±0.03	8.65±0.02	9.40±0.04	7.85±0.03	8.30±0.04
Hg/（mg/kg）	0.10±0.00	0.20±0.00	0.12±0.00	0.11±0.00	0.09±0.00	0.12±0.01
Cu/（mg/kg）	20.81±0.31	25.54±0.02	29.29±0.43	39.05±1.60	46.55±1.40	46.29±0.78
Cr/（mg/kg）	58.40±1.14	60.55±0.52	62.74±1.36	59.09±0.27	68.10±0.26	60.76±0.51
Cd/（mg/kg）	0.16±0.00	0.13±0.01	0.15±0.01	0.14±0.01	0.17±0.01	0.16±0.00
Pb/（mg/kg）	24.24±0.51	23.61±0.49	23.85±0.06	23.28±0.27	22.70±0.56	23.62±0.41
Zn/（mg/kg）	77.19±3.09	85.31±0.54	91.29±0.56	110.43±2.69	122.47±3.29	115.12±1.08
pH 值	8.18±0.00	8.14±0.01	7.99±0.00	7.94±0.00	7.87±0.01	8.11±0.00
OM/（g/kg）	1.86±0.00	2.33±0.01	2.69±0.01	3.61±0.02	4.04±0.01	4.43±0.02
AP/（mg/kg）	15.30±0.36	107.70±0.54	167.80±0.63	266.70±1.97	279.30±0.98	290.55±1.65
AK/（mg/kg）	145.50±0.45	550.00±1.79	1 230.50±1.34	3 642.50±24.60	4 269.00±27.73	5 868.00±48.30
TN/（%）	0.12±0.01	0.15±0.01	0.18±0.01	0.28±0.01	0.30±0.01	0.35±0.02

有机肥的施用对土壤理化性质有较为显著的影响，且这种影响与有机肥的施用量间存在相关关系，为此我们进一步分析了有机肥理化性质与噬菌体中 ARGs 亚型间的关系（图4-47）。由图可知，CK、2% 和 4% 处理组样本相似度较高，这 3 个样本的 pARGs 主要受到 pH 值的影响。而 6% 和 8% 相似度较高，营养成分（OM、TN、AK、AP）及重金属（Cu、Zn）主要影响 6% 和 8% 处理组中 pARGs 分布，10% 的样本与其相似。总体来看，施肥量较高的处理组（施肥量＞6%）pARGs 受土壤理化性质影响较大，不施肥及施肥量较小（施肥量＜4%）受土壤理化性质影响较小。

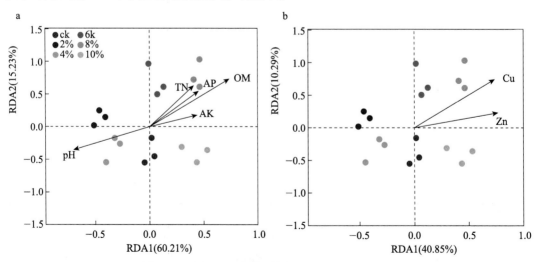

图 4-47　不同有机肥施用量条件下土壤噬菌体中 ARGs 亚型与环境因子的冗余分析

a：pH 值和营养因子；b：重金属。

②细菌群落

不同有机肥的施用量条件下土壤细菌组成（门水平）如图 4-48 所示。所有样本中，放线菌门、变形菌门、绿弯菌门及厚壁菌门是主要优势菌门，施肥对土壤细菌中的主要菌门的多样性无显著影响，但丰度与施肥量间有一定关系。放线菌门的相对丰度随施肥量的增加呈现先增高后降低的趋势，其相对丰度在 CK、2%、4%、6%、8%、10% 处理下分别为 28.68%、29.55%、30.00%、25.89%、23.90%、19.42%。拟杆菌门则随施肥量的增加而增加。不施肥（CK）处理组该菌门的丰度仅为 2.33%，而 10% 施肥量处理组则高达 13.45%。相反，放线菌门则与有机肥的施用量呈反比，当施肥量由 0 增加至 10% 时，该菌门的丰度由 11.20% 降至 4.42%。

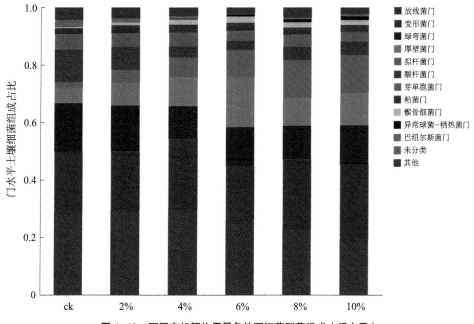

图 4-48　不同有机肥施用量条件下细菌群落组成（门水平）

对于不同施肥量土壤细菌属水平上的群落组成（图 4-49），整体来看 *Bacillus* 是所有样品中的优势菌属，其相对丰度随有机肥施用量的增加而增加，峰值出现在 10% 处理组，为 7.91%。值得注意的是，*Thermobifida* 和 *Oceanobacillus* 在 CK 中未出现，而在施肥处理中被检测到，说明这两类菌属是由有机肥的施用而引入到土壤中的。

为了进一步明确不同样品中属水平群落组成对 pARGs 分布的影响，进行冗余分析（RDA）。第一轴和第二轴的解释率分别为 42.85% 和 20.33%。在所选择的细菌菌属中，嗜热裂孢菌属、大洋芽孢杆菌属、芽孢杆菌属、葡萄球菌属、链霉菌属主要影响不同施肥处理土壤 pARGs 的分布（图 4-50）。

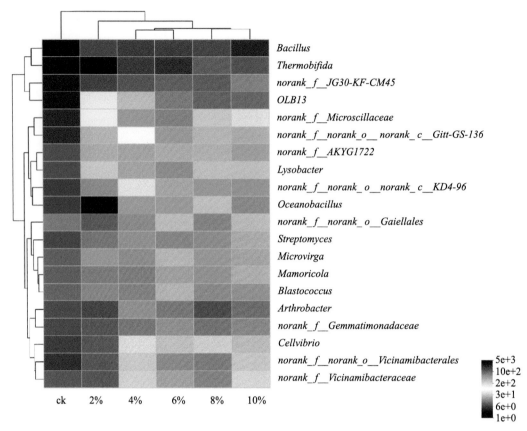

图 4-49　不同有机肥施用量条件下土壤细菌群落组成（属水平）

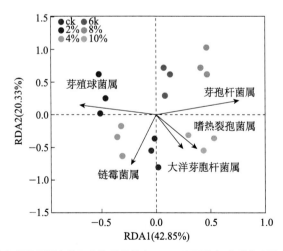

图 4-50　不同有机肥施用量条件下土壤噬菌体中 ARGs 亚型与细菌群落（属水平）的冗余分析

③细菌群落及土壤理化性质对 pARGs 的影响

为了进一步探索农田土壤噬菌体 ARGs 与细菌和土壤理化性质之间的共现模式，我们基于 Spearman 相关性进行了网络分析，揭示耐药基因之间的潜在信息，结果如图 4-51 所示。网络图由个 20 节点（包括噬菌体和细菌中的 ARGs 亚型）和 102 个边组成。节点共包括 5 种细菌属（嗜热裂孢菌属、大洋芽胞杆菌属、芽孢杆菌属、葡萄球菌属、链霉菌属）和 7 个理化因子（Cu、Zn、pH、OM、AP、AK、TN）以及 8 类 pARGs。理化性质与 pARGs 连线更为复杂，与细菌间的相关关系相对简单，说明 pARGs 可能受理化因子的影响较大。

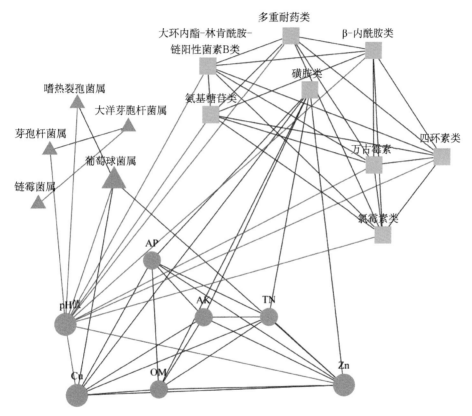

图 4-51 不同有机肥施用量条件下土壤 pARGs 类型与细菌群落（属水平）、理化性质的网络图

节点代表 ARGs，节点大小代表与节点连接的边的数量，边代表显著相关（$P<0.01$，$r>0.7$），

边粗细代表相关性大小。

为了研究细菌群落组成（属水平）和土壤理化性质对土壤 pARGs 分布变异度的贡献率，对样品进行方差分解分析（图 4-52）。这两个因素对 pARGs 分布的总贡献率为 67%，其中，理化性质（EFs）是最重要的因素，对 pARGs 分布的贡献率为 43%，而细菌群落组成（BCs）以及细菌群落与理化性质的交互作用（BCs×EFs）对 pARGs 分布的贡献率为 8% 和 16%。以上结果表明，土壤理化性质是影响 pARGs 分布的主要因素。

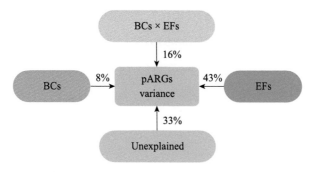

图 4-52　不同有机肥施用量条件下土壤噬菌体中 ARGs 亚型与细菌群落（属水平）、理化性质 VPA 分析

BCs 及 EFs 分别代表土壤细菌群落组成（属水平）和土壤理化性质。

4.3.3　噬菌体介导的耐药基因水平转移驱动机制

（1）噬菌体介导的 ARGs 的水平转移

为了探究噬菌体介导的 ARGs 的水平转移容易在哪些耐药菌间发生，进行了多批次体外转导实验。通过设置不同的耐药平板，包括四环素（TET）、磺胺甲噁唑（SMZ）、氨苄西林（AMP）、恩诺沙星（ENR）、土霉素（OTC）5 种耐药平板来计算耐药率（图4-53）。相较于 ck，噬菌体的引入会导致耐药率的增加，这表明噬菌体在 ARGs 水平转移过程中确实发挥着积极的作用。在 5 种不同的抗生素条件下，耐药率较 ck 均有提高。其中，TET 在加入噬菌体后耐药率增幅最大（49.06%），为 73.15%。通过多批次的实验也发现 TET 耐药平板下，噬菌体促进转导的稳定性较高，故后续实验均基于 TET 耐药平板进行耐药率的计算。

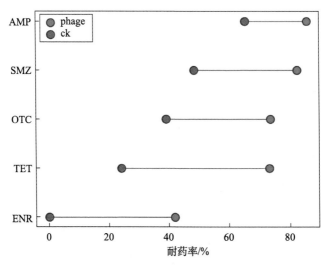

图 4-53　不同耐药平板下噬菌体转导耐药率

四环素（TET）、磺胺甲噁唑（SMZ）、氨苄西林（AMP）、恩诺沙星（ENR）、土霉素（OTC）。

为了进一步探明转导是在哪些宿主间发生，收集了抗生素选择平板上的耐药菌菌落并进行 16S rRNA 扩增子测序，结果如图 4-54 所示。除 *Delftia* 是 AMP 平板中的主要耐药菌，其他 4 种耐药平板均以 *Esherichia-Shigella* 为优势菌属。这说明噬菌体介导的 ARGs 的水平转移易在 *Esherichia-Shigella* 间发生。

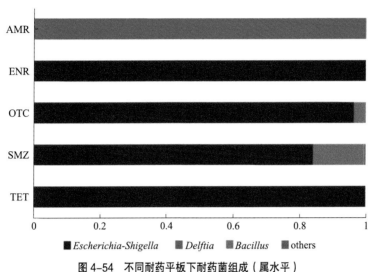

图 4-54 不同耐药平板下耐药菌组成（属水平）

四环素（TET）、磺胺甲噁唑（SMZ）、氨苄西林（AMP）、恩诺沙星（ENR）、土霉素（OTC）。

为了进一步探明噬菌体携带哪些 ARGs 进行水平转移，我们选择性地收集四环素，选择平板上的耐药菌菌落，对其及土壤原始细菌 DNA 进行提取并对 4 种相关 ARGs（*tetA*、*tetW*、*tetM*、*tetX*）进行微滴数字 PCR 定量检测，结果见图 4-55。*tetA*、*tetW* 在噬菌体转导前后丰度显著增加（$P < 0.05$），而 *tetM*、*tetX* 变化不显著。这初步说明 *tetA*、*tetW* 这两类 ARGs 亚型极易被噬菌体介导从而在宿主间进行水平转移。

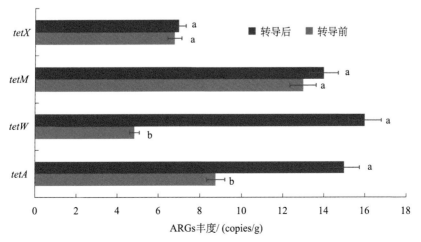

图 4-55 噬菌体转导前后耐药菌中 ARGs 亚型的丰度

（2）影响噬菌体转导的关键因素

为考察选择压对噬菌体转导 ARGs 的影响，在细菌培养物与噬菌体混合培养基以及对照培养基中分别加入不同亚抑菌浓度的抗生素（氨苄西林、恩诺沙星、四环素、头孢塞夫、泰乐菌素、磺胺甲噁唑）和重金属（Cu^{2+}、Z^{n2+}、Cr^{6+}），调节不同 pH 值（4.00、5.50、7.00、8.50、10.00），30 ℃培养 3 d 后进行系列稀释，分别涂布抗生素选择性平板和对照平板，计算不同转导实验的土壤细菌耐药率，根据耐药率的数值判定噬菌体能否向土壤细菌转导 ARGs 以及选择压对噬菌体转导 ARGs 的作用。

以往的研究表明，pH 值是影响微生物生命活动的关键因素之一，因此将 pH 值作为影响噬菌体转导的关键因素之一进行相应的实验探究，结果如图 4-56。当 pH 值过低（pH 值 =4.00）时，对照组与噬菌体实验组的耐药菌均为 0，这说明耐药菌及噬菌体转导在该条件下生长受到了抑制。当 pH 值逐渐增加时，添加噬菌体的处理组的耐药率均高于 ck，这说明噬菌体介导 ARGs 进行了水平转移。通过变化率的比较分析，当 pH 值 =7.00 时，噬菌体转导效率最高，随着 pH 值再次升高，变化率有所降低并趋于平稳。上述结果表明，当转导体系呈中性（pH 值 =7.00），可有效促进噬菌体转导的发生，过酸或过碱均会降低噬菌体携带 ARGs 进行水平转移的效率。

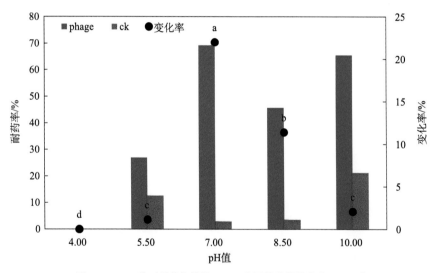

图 4-56　pH 值对噬菌体转导 ARGs 水平转移的影响（$P<0.05$）

抗生素所形成的选择性压力是影响 ARGs 水平转移的重要因素，通过体外转导实验来探究不同种类的抗生素（氨苄西林、恩诺沙星、四环素、头孢塞夫、泰乐菌素、磺胺甲噁唑）对噬菌体介导的 ARGs 的水平转移，结果如图 4-57 所示。除 CTX 对噬菌体转导具有负向抑制作用外，其他 5 种抗生素均对噬菌体转导具有正向促进作用。其中，又以 TET 对转导的促进效率最高（$P<0.05$），其耐药率的变化量最高，为 13.94%，但与 SMZ 间无显著差异（$P>0.05$）。其他 3 种抗生素（AMP、ENR、TYL）对转导的促进作用无明显差异（$P>0.05$）。

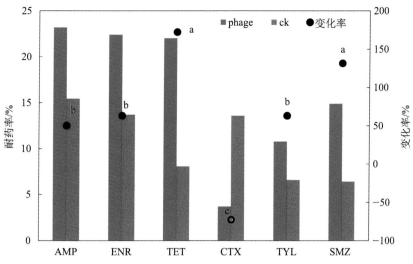

图 4-57　抗生素对噬菌体转导 ARGs 水平转移的影响（*P*<0.05）

实心圆代表促进作用，空心圆代表抑制作用。

重金属种类及浓度对噬菌体转导 ARGs 的影响如图 4-58 所示。低浓度的 Cu^{2+} 对噬菌体转导具有抑制作用，当浓度增加至 1 000 mg/L 时才表现出正向促进作用。而 Zn^{2+} 对噬菌体转导具有正向的促进作用，且与浓度呈现正相关关系，当浓度增加至 1 000 mg/L，此时耐药率的变化率为 157%，显著高于其他 2 个浓度处理（*P*<0.05）。对于 Cr^{6+}，仅在中浓度（5 mg/L）时表现出对噬菌体转导的促进作用，浓度过高或过低均会抑制转导的发生。

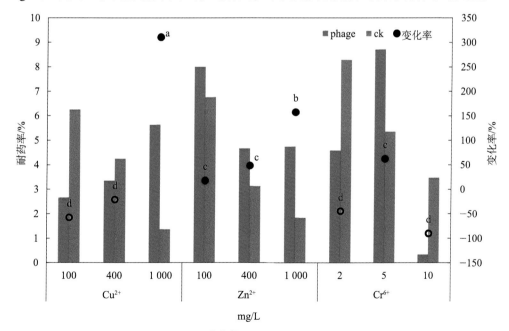

图 4-58　重金属对噬菌体转导 ARGs 水平转移的影响（*P*<0.05）

实心圆代表促进作用，空心圆代表抑制作用。

参考文献

冀秀玲，刘芳，沈群辉，等，2011. 养殖场废水中磺胺类和四环素抗生素及其抗性基因的定量检测 [J]. 生态环境学报，20: 7.

沈群辉，2013. 养殖场及周边农田土壤抗生素抗性基因和重金属污染初步研究 [D]. 上海：东华大学.

张汝凤，宋渊，高浩泽，等，2020. 北京蔬菜地土壤中抗生素抗性基因与可移动元件的分布特征 [J]. 环境科学，41: 387-395.

Balcázar J L, 2018. How do bacteriophages promote antibiotic resistance in the environment[J]? Clinical Microbiology and Infection, 24: 447-449.

Calero-Cáceres W, Balcázar J L, 2019. Antibiotic resistance genes in bacteriophages from diverse marine habitats[J]. Science of the total Environment, 654: 452-455.

Calero-Cáceres W, Ye M, Balcázar J L, 2019. Bacteriophages as environmental reservoirs of antibiotic resistance[J]. Trends in Microbiology, 27: 570-577.

Cerqueira F, Matamoros V, Bayona J, et al., 2019a. Antibiotic resistance genes distribution in microbiomes from the soil-plant-fruit continuum in commercial Lycopersicon esculentum fields under different agricultural practices[J]. Science of the total Environment, 652: 660-670.

Cerqueira F, Matamoros V, Bayona J M, et al., 2019b. Antibiotic resistance gene distribution in agricultural fields and crops. A soil-to-food analysis[J]. Environmental Research, 177: 108608.

Chen Q, An X, Li H, et al., 2016. Long-term field application of sewage sludge increases the abundance of antibiotic resistance genes in soil[J]. Environment International, 92-93: 1-10.

Chen Q L, An X L, Zhu Y G, et al., 2017. Application of Struvite Alters the Antibiotic Resistome in Soil, Rhizosphere, and Phyllosphere[J]. Environmental Science & Technology, 51: 8149-8157.

Chen Q L, An X L, Zheng B X, et al., 2018a. Long-term organic fertilization increased antibiotic resistome in phyllosphere of maize[J]. Science of the total Environment, 645: 1230-1237.

Chen J, Quiles-Puchalt N, Chiang Y N, et al., 2018b. Genome hypermobility by lateral transduction[J]. Science, 362: 207-212.

Chen Q L, Cui H L, Su J Q, et al., 2019. Antibiotic Resistomes in plant microbiomes[J]. Trends in Plant Science, 24: 530-541.

Chen Q L, Hu H W, Zhu D, et al., 2020. Host identity determines plant associated resistomes[J]. Environmental Pollution, 258: 113709.

Dion M B, Oechslin F, Moineau S, 2020. Phage diversity, genomics and phylogeny[J]. Nature Reviews Microbiology, 18: 125-138.

Gao P, Munir M, Xagoraraki I, 2012. Correlation of tetracycline and sulfonamide antibiotics with corresponding resistance genes and resistant bacteria in a conventional municipal wastewater treatment plant[J]. Science of the total Environment, 421-422: 173-183.

Guo Y, Qiu T, Gao M, et al., 2021. Diversity and abundance of antibiotic resistance genes in rhizosphere soil and endophytes of leafy vegetables: Focusing on the effect of the vegetable species[J]. Journal of Hazardous Materials, 415: 125595.

Hölzel C S, Müller C, Harms K S, et al., 2012. Heavy metals in liquid pig manure in light of bacterial antimicrobial resistance[J]. Environmental Research, 113: 21-27.

Hu H W, Wang J T, Li J, et al., 2017. Long-term nickel contamination increases the occurrence of antibiotic resistance genes in agricultural soils[J]. Environmental Science & Technology, 51: 790-800.

Hu X, Zhou Q, Luo Y, 2010. Occurrence and source analysis of typical veterinary antibiotics in manure, soil, vegetables and groundwater from organic vegetable bases, northern China[J]. Environmental Pollution, 158: 2992-2998.

Ji X, Shen Q, Liu F, et al., 2012. Antibiotic resistance gene abundances associated with antibiotics and heavy metals in animal manures and agricultural soils adjacent to feedlots in Shanghai; China[J]. Journal of Hazardous Materials, 235-236: 178-185.

Johnson T A, Looft T, Severin A J, et al., 2017. The in-feed antibiotic carbadox induces phage gene transcription in the swine gut microbiome[J]. Micrbiology and Moleculor Biology Reviews, 8: 709-717.

Kenzaka T, Tani K, Nasu M, 2010. High-frequency phage-mediated gene transfer in freshwater environments determined at single-cell level[J]. The ISME Journal, 4: 648-659.

Larrañaga O, Brown-Jaque M, Quirós P, et al., 2018. Phage particles harboring antibiotic resistance genes in fresh-cut vegetables and agricultural soil[J]. Environment International, 115: 133-141.

Li C, Chen J, Wang J, et al., 2015. Occurrence of antibiotics in soils and manures from greenhouse vegetable production bases of Beijing, China and an associated risk assessment[J]. Science of the total Environment, 521-522: 101-107.

Li Y X, Zhang X L, Li W, et al., 2013. The residues and environmental risks of multiple veterinary antibiotics in animal faeces[J]. Environmental Monitoring and Assessment, 185: 2211-2220.

Lin H, Sun W, Zhang Z, et al., 2016. Effects of manure and mineral fertilization strategies on soil antibiotic resistance gene levels and microbial community in a paddy–upland rotation system[J]. Environmental Pollution, 211: 332-337.

Liu J, Xiaoxue Z, Hongping L I, et al., 2016. Prevalence of antibiotic resistance genes and mobile genetic elements in farmland soil near a factory of a certain city in Henan Province[D]. Zhengzhou: Zhengzhou University(Medical Sciences).

Ma L, Li A D, Yin X L, et al., 2017. The prevalence of integrons as the carrier of antibiotic resistance genes in natural and man-made environments[J]. Environmental Science & Technology, 51: 5721-5728.

Marti R, Scott A, Tien Y C, et al., 2013. Impact of manure fertilization on the abundance of antibiotic-resistant bacteria and frequency of detection of antibiotic resistance genes in soil and on vegetables at harvest[J]. Applied and Environmental Microbiology, 79: 5701-5709.

McKinney C W, Loftin K A, Meyer M T, et al., 2010. Tet and sul antibiotic resistance genes in livestock lagoons of various operation type, configuration, and antibiotic occurrence[J]. Environmental Science & Technology, 44: 6102-6109.

Modi S R, Lee H H, Spina C S, et al., 2013. Antibiotic treatment expands the resistance reservoir and ecological network of the phage metagenome[J]. Nature, 499: 219-222.

Muniesa M, Colomer-Lluch M, Jofre J, 2013. Potential impact of environmental bacteriophages in spreading antibiotic resistance genes[J]. Future Microbiology, 8: 739-751.

Nesme J, Cécillon S, Delmont T O, et al., 2014. Large-scale metagenomic-based study of antibiotic resistance in the environment[J]. Current Biology, 24: 1096-1100.

Peng S, Feng Y, Wang Y, et al., 2017. Prevalence of antibiotic resistance genes in soils after continually applied with different manure for 30 years[J]. Journal of Hazardous Materials, 340: 16-25.

Qian X, Gu J, Sun W, et al., 2018. Diversity, abundance, and persistence of antibiotic resistance genes in various types of animal manure following industrial composting[J]. Journal of Hazardous Materials, 344: 716-722.

Qiu H G, Liao S P, Jing Y, et al., 2013. Regional differences and development tendency of livestock manure pollution in China[J]. Huan Jing Ke Xue, 34: 2766-2774.

Rossi F, Rizzotti L, Felis G E, et al., 2014. Horizontal gene transfer among microorganisms in food: current knowledge and future perspectives[J]. Food Microbiology, 42: 232-243.

Rutgersson C, Ebmeyer S, Lassen S B, et al., 2020. Long-term application of Swedish sewage sludge on farmland does not cause clear changes in the soil bacterial resistome[J]. Environment International, 137: 105339.

Smith M S, Yang R K, Knapp C W, et al., 2004. Quantification of tetracycline resistance genes in feedlot lagoons by real-time PCR[J]. Applied and Environmental Microbiology, 70: 7372-7377.

Sun M, Ye M, Jiao W, et al., 2018. Changes in tetracycline partitioning and bacteria/phage-comediated ARGs in microplastic-contaminated greenhouse soil facilitated by sophorolipid[J]. Journal of Hazardous Materials, 345: 131-139.

Sun Y, Qiu T, Gao M, et al., 2019. Inorganic and organic fertilizers application enhanced antibiotic resistome in greenhouse soils growing vegetables[J]. Ecotoxicology and Environmental Safety, 179: 24-30.

Sun Y, Guo Y, Shi M, et al., 2021. Effect of antibiotic type and vegetable species on antibiotic accumulation in soil-vegetable system, soil microbiota, and resistance genes[D]. Chemosphere, 263: 128099.

Tang X, Lou C, Wang S, et al., 2015. Effects of long-term manure applications on the occurrence of antibiotics and antibiotic resistance genes (ARGs) in paddy soils: Evidence from four field experiments in south of China[J]. Soil Biology and Biochemistry, 90: 179-187.

Van Elsas J D, Turner S, Bailey M J, 2003. Horizontal gene transfer in the phytosphere[J]. New Phytologist, 157: 525-537.

Wang F H, Qiao M, Chen Z, et al., 2015. Antibiotic resistance genes in manure-amended soil and vegetables at harvest[J]. Journal of Hazardous Materials, 299: 215-221.

Wang M, Liu P, Xiong W, et al., 2018a. Fate of potential indicator antimicrobial resistance genes (ARGs) and bacterial community diversity in simulated manure-soil microcosms[J]. Ecotoxicology environmental safety, 147: 817-823.

Wang M, Liu P, Zhou Q, et al., 2018b. Estimating the contribution of bacteriophage to the dissemination of antibiotic resistance genes in pig feces[J]. Environmental Pollution, 238: 291-298.

Wang X, Lan B, Fei H, et al., 2021. Heavy metal could drive co-selection of antibiotic resistance in terrestrial subsurface soils[J]. Journal of Hazardous Materials, 411: 124848.

Wichmann F, Udikovic-Kolic N, Andrew S, et al., 2014. Diverse antibiotic resistance genes in dairy cow manure[J]. mBio, 5: e01017.

Williamson K E, Fuhrmann J J, Wommack K E, et al., 2017. Viruses in soil ecosystems: An unknown quantity within an unexplored territory[J]. Annual Review of Virology, 4: 201-219.

Wu N, Qiao M, Zhang B, et al., 2010. Abundance and diversity of tetracycline resistance genes in soils adjacent to representative swine feedlots in china[J]. Environmental Science & Technology, 44: 6933-6939.

Wu X L, Xiang L, Yan Q Y, et al., 2014. Distribution and risk assessment of quinolone antibiotics in the soils from organic vegetable farms of a subtropical city, Southern China[J]. Science of the total Environment, 487: 399-406.

Xiong W, Wang M, Dai J, et al., 2018. Application of manure containing tetracyclines slowed down the dissipation of tet resistance genes and caused changes in the composition of soil bacteria[J]. Ecotoxicology and Environmental Safety, 147: 455-460.

Xu K, Wang J, Gong H, et al., 2019. Occurrence of antibiotics and their associations with antibiotic resistance genes and bacterial communities in Guangdong coastal areas[J]. Ecotoxicology Environmental Safety, 186: 109796.

Yang L, Liu W, Zhu D, et al., 2018a. Application of biosolids drives the diversity of antibiotic resistance genes in soil and lettuce at harvest[J]. Soil Biology and Biochemistry, 122: 131-140.

Yang Y, Shi W, Lu S Y, et al., 2018b. Prevalence of antibiotic resistance genes in bacteriophage DNA fraction from Funan River water in Sichuan, China[J]. Science of the total Environment, 626: 835-841.

Yuan X, Zhang Y, Sun C, et al., 2022. Profile of Bacterial Community and Antibiotic Resistance Genes in Typical Vegetable Greenhouse Soil[J]. International Journal of Environmental Research and Public Health, 19: 7742.

Zhang X X, Zhang T, 2011. Occurrence, abundance, and diversity of tetracycline resistance genes in 15 sewage treatment plants across China and other global locations[J]. Environmental Science & Technology, 45: 2598-2604.

Zhang L, Kinkelaar D, Huang Y, et al., 2011. Acquired antibiotic resistance: are we born with it[J]? Applied and Environmental Microbiology, 77: 7134-7141.

Zhang Y J, Hu H W, Gou M, et al., 2017. Temporal succession of soil antibiotic resistance genes following application of swine, cattle and poultry manures spiked with or without antibiotics[J]. Environmental Pollution, 231: 1621-1632.

Zhang H F, Shi M M, Sun Y M, et al., 2019a. Microbial Community Structure and the Distribution of Antibiotic Resistance Genes in Soil Contaminated by Sulfamethoxazole[J]. Huan Jing Ke Xue, 40: 4678-4684.

Zhang Y J, Hu H W, Chen Q L, et al., 2019b. Transfer of antibiotic resistance from manure-amended soils to vegetable microbiomes[J]. Environment International, 130: 104912.

Zhang Y J, Hu H W, Chen Q L, et al., 2020. Manure application did not enrich antibiotic resistance genes in root endophytic bacterial microbiota of cherry radish plants[J]. Applied and Environmental Microbiology, 86:

e02106-02119.

Zhao R, Feng J, Liu J, et al., 2019a. Deciphering of microbial community and antibiotic resistance genes in activated sludge reactors under high selective pressure of different antibiotics[J]. Water Research, 151: 388-402.

Zhao X, Wang J, Zhu L, et al., 2019b. Field-based evidence for enrichment of antibiotic resistance genes and mobile genetic elements in manure-amended vegetable soils[J]. Science of the total Environment, 654: 906-913.

Zhou Z C, Zheng J, Wei Y Y, et al., 2017. Antibiotic resistance genes in an urban river as impacted by bacterial community and physicochemical parameters[J]. Environmental Science Pollution Research, 24: 23753-23762.

Zhu Y G, Gillings M, Simonet P, et al., 2017a. Microbial mass movements[J]. Science, 357: 1099-1100.

Zhu Y G, Zhao Y, Li B, et al., 2017b. Continental-scale pollution of estuaries with antibiotic resistance genes[J]. Nature Microbiology, 2: 16270.

Zhu B, Chen Q, Chen S, et al., 2017c. Does organically produced lettuce harbor higher abundance of antibiotic resistance genes than conventionally produced[J]? Environment International, 98: 152-159.

第5章　农业环境中抗生素耐药基因污染的防控

作为全球范围内的公共健康问题，抗生素耐药性问题已得到国际组织和各国政府的高度重视。开发一种新型抗生素一般需要 10 年左右时间，而一代耐药菌的产生往往只需要 2 年。因此，新型抗生素的研发速度远赶不上细菌产生耐药性的速度，投入大量人力和物力不断研发新型抗生素已无法彻底解决日益严重的细菌耐药问题（刘成程 等，2022）。国际组织和各国政府越来越清晰地认识到，解决抗生素耐药问题需要在"One Health"（同一健康）理念指导下的多部门多学科协作，强调从"人—动物—环境"健康的整体视角来解决。其中，环境这个维度得到了越来越多的关注（Liguori et al.，2022）。理解并控制环境中抗生素抗性菌和耐药基因的传播扩散，是解决抗生素耐药问题的关键一环。抗生素耐药基因作为一种新兴的环境污染物，能够自我复制并在不同微生物间传递，使其控制相比其他污染物更具挑战性（Vikesland et al.，2017）。本章将针对农业环境抗生素抗性的控制策略和技术，围绕兽用抗生素的管理政策和抗生素抗性菌及耐药基因的削减技术等方面进行系统阐述。

5.1　优化兽用抗生素的使用及其成效

5.1.1　国内外相关政策

自从 1950 年美国食品药品监督管理局（FDA）批准抗生素可作为饲料添加剂使用以来，养殖业的抗生素滥用情况不断加重，除了导致肉蛋奶等食品中抗生素的残留危害人类健康之外，其引起的农业源抗生素耐药菌的不断进化，甚至引起的"超级细菌"产生和传播，已得到国际社会的普遍关注。各国政府相继制订行动计划或政策法规，减少兽用抗生素的使用，以控制农业源的抗生素耐药问题。

1986 年，瑞典全面禁止畜禽饲料中使用抗生素作为促生长物质，成为世界上第一个禁用饲用抗生素的国家（Pruden et al.，2013）。由于发现了人的耐万古霉素肠球菌（VRE）感染与肉鸡养殖中饲喂阿伏霉素（Avoparcin）有关，促进了丹麦于 2000 年开始在畜禽饲料中全面禁用抗生素（Bates，1997）。2006 年，欧盟开始全面禁止抗生素在饲料中的使用，而对于临床治疗用的抗生素，需要在专业兽医的监管下（开具处方），通过添加到饮水、饲料，或者注射来使用。2011 年，韩国宣布了饲料抗生素禁用通知。2017 年，美国出台了相关政策法规，限制"医疗上重要的抗生素"在动物生产和治疗中的使用；人专用抗生素不能在食品动物上使用，而人畜共用抗生素则必须在兽医的监管下（开具处方）才能使用。

1994 年，我国首次发布了《饲料药物添加剂允许使用品种目录》，开始将抗生素列为饲料添加剂。抗生素作为促生长剂广泛应用，大幅降低生产成本、发病率和死亡率，提高动物生产性能，从而显著提高了畜牧业的经济效益。随着兽用抗生素副作用的不断显现，尤其是对农业源抗生素耐药问题认识的逐渐清晰，我国及时组织开展兽用抗菌药风险评估和退出工作，并积极参与世界卫生组织、世界动物卫生组织、联合国粮食及农业组织等国际组织应对细菌耐药的交流与合作。我国动物源细菌耐药性监测网络在 2008 年建立，由 6 个单位的国家兽药安全评价实验室组成（张纯萍 等，2017）。2023 年，共有 27 家单位承担了我国动物源细菌耐药性监测任务。动物源细菌耐药监测工作的长期稳定发展，为国家和相关部门掌握我国兽用抗菌药物使用和细菌耐药变化的实时动态，研究制定切合实际的管理政策和有效措施提供了科学依据。2015 年我国开始禁止洛美沙星、培氟沙星、氧氟沙星、诺氟沙星 4 种人畜共用的抗菌药用于食品动物。继 2015 年的《全国兽药（抗菌药）综合治理五年行动方案》之后，又先后制定实施了《全国遏制动物源细菌耐药行动计划（2017—2020 年）》和《全国兽用抗菌药使用减量化行动方案（2021—2025 年）》。2019 年，农业农村部发布第 194 号公告：自 2020 年 1 月 1 日起，退出除中药外所有促生长类药物饲料添加剂品种，标志着我国也进入了饲料端"禁抗"的时代。

5.1.2 优化兽用抗生素管理带来的成效

饲料禁抗、养殖减抗或无抗养殖已成为全球畜牧业发展的大趋势。由此带来的明显成效是兽用抗生素用量的减少和动物源细菌耐药率的降低。丹麦兽用抗生素的用量从 1994 年的 200 多 t 下降到 1999 年的大约 70 t（Pruden et al.，2013）。自 2014 年以来，我国兽用抗生素使用总量逐年下降，2020 年的用药总量较 2014 年下降了 52.7%（陈萌萌 等，2022）。

大量研究表明，通过控制抗生素的使用能显著降低动物源抗生素耐药菌的检出。例如，丹麦禁抗后，动物源耐药的粪肠球菌显著减少（Aarestrup et al.，2001）。用有机饲料代替常规饲料后，美国家禽中多重耐药粪肠球菌的比例由 84% 下降到 17%（Sapkota et al.，2011）。我国学者的一项研究表明，饲喂抗生素鸡场的堆肥中阿莫西林、卡那霉素和头孢氨苄的抗性菌达到 21%～66%，远高于对照（不饲喂抗生素鸡场的堆肥，0.6%～27%）（Yang et al.，2014）。

在我国，多黏菌素被长期用于促进养殖动物生长的添加剂。2015 年，我国科学家发现了动物源细菌中多黏菌素的抗性基因 *mcr-1*（Liu et al.，2016），该基因由质粒介导在细菌间传递扩散，也可以通过食物链在食品动物和人之间传播。此后，在全球多个国家的动物和人的病原菌中发现 *mcr-1* 基因及其突变体。由于 *mcr-1* 基因的发现，我国已禁止多黏菌素用于动物促生长（自 2017 年 4 月 30 日起）。在禁止多黏菌素作为养殖动物的促生长剂后，对我国 4 个省 118 个养殖场的调查研究显示，猪场和鸡场粪便中多黏菌素耐药的大肠杆菌检出率，由 2015—2016 年的 34.0% 和 18.1% 分别显著降低至 2017—2018 年的 5.1% 和 5.0%；*mcr-1* 基因相对丰度的中位数从 2017 年的 0.000 9 显著降低至 2018 年的 0.000 2；同时 24 个省市的医院调查数据显示，人携带的 *mcr-1* 基因阳性大肠杆菌检出率从 2016 年的 14.3% 下降到 2019 年的 6.3%（Wang et al., 2020）。以上研究结果充分说明，饲料禁抗对于农业源抗生素耐药菌和耐药基因的控制以及阻控其向人类传播都具有重要作用。

5.2 控制技术

5.2.1 源头控制

抗生素的过量使用是引起抗生素抗性的直接原因，因此，从源头上减少抗生素的使用是解决这一问题的关键。但是饲料禁抗后，通常会因为细菌性疫病的发生率提升导致治疗用抗生素的用量增加。例如，丹麦禁抗后的 10 年间，治疗用抗生素翻了一番（Aarestrup, 2012）。孙泉云等（2022）对我国 6 家规模化猪场在饲料禁抗背景下细菌性疫病的发病情况进行了监测，发现在 2019—2021 年，猪链球菌、副猪嗜血杆菌、大肠杆菌、葡萄球菌和巴氏杆菌等致病菌的检出率呈现逐年上升的趋势。鲁绍清等（2023）的调查发现，饲料禁抗后养殖场仔猪消化系统疾病和呼吸系统疾病的发病率明显增加，仔猪腹泻率总体呈增长趋势。为从源头解决促生长用和治疗用抗生素引起的细菌耐药问题，寻找抗生素的替代品成为了国内外关注的热点。

饲料中添加铜、锌、砷等重金属制剂可代替抗生素抑制病原微生物（Bolan et al., 2004）。但是，由于重金属对抗生素耐药基因具有共同选择作用，用其来替代抗生素会使农业源抗生素抗性问题变得更严重（Pruden et al., 2013）。饲料中添加的重金属会随粪肥施用引起农田土壤中重金属的富集。相比土壤中的抗生素残留，重金属难以生物降解，能给土壤微生物提供更长期的选择压，造成土壤抗生素抗性的提高（Chee-Sanford et al., 2009）。因此，重金属替代饲用抗生素抑制病原微生物，从其具有的抗生素耐药基因共选择作用来看，并不是一个理想的替代品。理想的替抗产品应具备以下特征：自身无毒副作用且无体内残留；不产生环境污染和细菌耐药性；在饲料和消化道中稳定；对正常菌群无害且杀灭致病菌；提高动物免疫力及生产性能；不显著增加成本（印遇龙 等，2020）。目前，畜禽养殖业中常用的抗生素替代品主要包括微生态制剂、中草药与植物提取物等。

①微生态制剂　微生态制剂是指根据微生态学理论制成的含有益菌或其代谢产物或添加有益菌生长促进因子，能发挥维持宿主微生态平衡、提高机体免疫功能等作用的活菌制剂，是一种绿色、安全、有效的替抗制剂（蔡文涛 等，2024）。微生态制剂通常包括益生菌、益生元、合生元3种。1989年，美国公布了双歧杆菌、芽孢杆菌、乳杆菌等10属42种微生物直接饲喂动物是安全的。我国允许饲料添加剂使用的益生菌有30多种（席礼文 等，2022）。据中国饲料工业协会统计，我国饲用微生态制剂总产量由2017年的10.7万t增长至2021年的25.7万t，市场需求量巨大（蔡文涛 等，2024）。益生元是指在机体内不被消化、可发酵与食用的有益碳水化合物，主要是一些可促进肠道内有益菌群生长的低聚糖，如低聚果糖、大豆低聚糖、菊多糖（菊粉）等。合生元指的是将益生菌和益生元结合使用，共同对抗疾病、维护机体的微生态平衡。

②中草药与植物提取物　中草药饲料添加剂是中草药加工后的产物，保持了原有成分的生物活性，具有天然安全、功能多样、来源广泛等特点。天然植物包括中草药的生物活性得益于内含多种类型的植物功能成分，这些成分按照化学结构可分为多酚类、精油（挥发油）类、多糖类、萜类和生物碱类等类别。从大多数结果来看，多种类型的植物提取物能够在替代抗生素的前提下，不影响或改善养殖动物的生长性能、抗氧化能力、肠道形态、菌群结构或免疫功能（印遇龙 等，2020）。虽然中草药及植物提取物表现了良好的替抗性能，但是它们很多具有抗菌活性，其对抗生素耐药基因的共选择作用可能会引起的抗生素耐药问题还需进一步评价（Pruden et al.，2013），有关这方面的研究还很薄弱。

③抗菌肽　抗菌肽是广泛存在于生物体内的一种小分子多肽类物质，一般包括12～50个氨基酸残基，具有抗菌谱广、不易分解、稳定性好且不易产生抗药性等特点，其作为抗生素的替代品受到了越来越多的关注。抗菌肽广泛存在于自然界各类生物体内、种类繁多，目前数据库已收录的抗菌肽种类已有3 000余种。但是已研究的抗菌肽仍较少，更多性能优良的新型抗菌肽资源有待于进一步挖掘（司先懂 等，2023）。天蚕素作为首次发现的动物抗菌肽，具有显著的广谱抗菌效果，表达生产工艺成熟，广泛应用到饲料添加剂中（孙明杰 等，2022）。

5.2.2　噬菌体技术

目前，关于农业环境抗生素抗性的研究多集中在耐药基因的多样性、丰度及其与环境因子、生物因子的相关性，以及现有污染控制技术（空气消毒、粪污好氧发酵与厌氧消化、污水处理各种工艺等）对耐药基因的去除作用。现有的污染控制技术通常通过降低环境微生物的总数（如紫外线消毒、高温堆肥等）或者调控微生物群落结构（如生物炭在堆肥和土壤中的应用）来降低抗生素耐药菌和耐药基因的多样性和丰度，专门针对耐药基因的特异性削减技术还不多见。本章只对应用前景较好的噬菌体技术进行阐述。

噬菌体疗法包括分离和筛选能够感染和杀死产生抗生素耐药性的病原体的溶菌噬菌体，将分离的噬菌体的富集纯培养物接种到病原体藏匿环境中（Ye et al.，2022）。噬菌体在抑制抗生素耐药性方面的主要作用包括：①溶菌噬菌体直接感染和杀死抗生素耐药性病原体并降低环境中致病菌的总体丰度；②细胞内耐药基因被释放到环境中等待被生物降解（Reardon et al.，2014）。噬菌体疗法相较于传统抗生素治疗具有靶向性强的优势，因为大多数噬菌体只能感染和裂解一种或一小群细菌，对整体微生物群落的扰动很小。而且，由于噬菌体具有自我复制的特性和对宿主菌的依赖，以及对环境中宿主菌丰度的敏感反应，噬菌体疗法不需要最初大量的接种量。因此，与其他耐药菌控制方法相比，噬菌体疗法更具成本效益，并且有利于维持微生物群落的整体多样性和功能。越来越多的证据表明，噬菌体疗法对于降低环境中耐药菌风险具有重要意义（Ye et al.，2019）。目前发现，将噬菌体疗法与生物炭相结合的方法可以高效地特异性地灭活耐药菌，降低土壤－植物系统中耐药菌和耐药基因的丰度，这表明噬菌体疗法具有灵活性（Ye et al.，2018）。

除了溶菌噬菌体应用外，温和噬菌体传递的成簇规律间隔短回文重复序列 CRISPR/Cas 系统已被研究作为一种有前途的应对抗生素耐药的策略。在原核生物中，CRISPR/Cas 系统充当适应原核免疫系统和保护屏障，在对移动遗传元件的适应性免疫中发挥作用（Yosef et al.，2015）。CRISPR/Cas 由 CRISPR 基因（包括前导序列、重复序列和间隔序列）和一组编码 Cas 蛋白的基因组成。鉴于它可以彻底消除耐药基因，CRISPR/Cas9 系统在阻止耐药基因和耐药菌增殖方面显示出巨大的潜力。众所周知，噬菌体是环境中辅助代谢基因的主要来源，从而有助于这些辅助基因在微生物群落之间的水平转移。携带 Cas9 系统的宿主菌能够抵抗编码耐药基因的噬菌体的感染，从而抑制噬菌体介导的耐药基因传播。前期研究构建了含有 Cas9 和耐药基因的信息素反应接合质粒，并将其引入到模型噬菌体的外壳蛋白中，然后用该基因工程噬菌体感染携带耐药基因的宿主菌。在此过程中，CRISPR/Cas9 系统作为信息素反应接合质粒中编码的组成型表达模块，选择性地去除耐药基因，从而使耐药菌因耐药基因的丢失而转变为抗生素敏感菌，从而降低了耐药菌传播的风险（Rodrigues et al.，2019）。Hao 等（2020）的研究证实了利用 CRISPR-Cas9 介导的碳青霉烯酶基因和质粒消除来使耐碳青霉烯类肠杆菌科细菌对碳青霉烯类抗生素恢复敏感性。因此，CRISPR/Cas9 系统因其高编辑效率和简单的操作而被视为对抗耐药菌的新兴策略。

耐药基因导致的细菌多重耐药问题日趋严重，遏制细菌多重耐药的技术仍十分匮乏。近年来，人们以质粒、噬菌体、纳米粒子等载体将不同类型的 CRISPR/Cas 系统导入耐药菌中，通过靶向消减耐药菌中耐药质粒、耐药基因或其转录产物等方式降低细菌耐药水平，在利用 CRISPR/Cas 系统防控细菌多重耐药方面取得了长足的进展。然而，上述方法均需将生物大分子（核酸或蛋白与核酸的复合物）递送至细菌体内，不仅存在导入困难的问题，而且进入的生物大分子易被细菌胞内蛋白酶或核酸酶降解。因此，将这些技术应用于医学临床、畜禽养殖或生态环境仍存在较大挑战。

参考文献

孙泉云，朱九超，鞠龚讷，2022. 饲料禁抗背景下规模猪场细菌性疫病的调查和监测 [J]. 养猪（4）：116-117.

司先懂，姜宏，董悦阳，等，2023. 重组抗菌肽的表达及其在饲料中的应用研究进展 [J]. 中国畜牧杂志，59（12）：67-73.

孙明杰，盛永杰，郝木强，等，2022. 天蚕素抗菌肽在饲料应用中的安全性研究 [J]. 中国饲料（3）：43-46.

印遇龙，杨哲，2020. 天然植物替代饲用促生长抗生素的研究与展望 [J]. 饲料工业，41（24）：1-7.

席礼文，2022. 益生菌在生猪养殖中的应用 [J]. 中国畜禽种业，18（3）：129-130.

池永宽，刘旭光，陈浒，等，2022. 微生态制剂的作用机制及其在动物生产中的应用 [J]. 微生物学杂志，42（3）：100-109.

陈萌萌，李晓峰，肖红波，2022. 国外兽用抗生素减量化实践经验及其对我国的启示 [J]. 中国农业科技导报，24（6）：19-26.

刘成程，胡小芳，冯友军，2022. 细菌耐药：生化机制与应对策略 [J]. 生物技术通报，38（9）：4-16.

张纯萍，宋立，吴辰斌，等，2017. 我国动物源细菌耐药性监测系统简介 [J]. 中国动物检疫，34（3）：34-38.

鲁绍清，王静，张燕鸣，2023. 饲料禁抗背景下乳仔猪腹泻率及腹泻类型的调查研究 [J]. 养殖与饲料（4）：78-80.

蔡文涛，覃景芳，覃磊，等，2024. 饲用微生态制剂的研究进展及应用 [J]. 湖北大学学报（自然科学版），46（2）：149-157.

Chee-Sanford J C, Mackie R I, Koike S, et al., 2009. Fate and transport of antibiotic residues and antibiotic resistance genes following land application of manure waste[J]. Journal of Environmental Quality, 38: 1086-1108.

Liguori K, Keenum I, Davis B C, et al., 2022. Antimicrobial resistance monitoring of water environments: A framework for standardized methods and quality control[J]. Environmental Science & Technology, 56: 9149-9160.

Vikesland P J, Pruden A, Alvarez P J J, et al., 2017. Toward a comprehensive strategy to mitigate dissemination of environmental sources of antibiotic resistance[J]. Environmental Science & Technology, 51: 13061-13069.

Pruden A, Larsson D G J, Amézquita A, et al., 2013. Management options for reducing the release of antibiotics and antibiotic resistance genes to the environment[J]. Environmental Health Perspectives, 121(8) 878-885.

Bates J, 1997. Epidemiology of vancomycin-resistant enterococci in the community and the relevance of farm animals to human infection[J]. Journal of Hospital Infection, 37: 89-101.

Aarestrup F M, Seyfarth A M, Emborg H D, et al., 2001. Effect of abolishment of the use of antimicrobial agents for growth promotion on occurrence of antimicrobial resistance in fecal enterococci from food animals in Denmark[J]. Antimicrobial Agents and Chemotherapy, 45: 2054-2059.

Aarestrup F, 2012. Sustainable farming: get pigs off antibiotics[J]. Nature, 486(7404): 465-466.

Liu Y Y, Wang Y, Walsh T R, et al., 2016. Emergence of plasmid-mediated colistin resistance mechanism MCR-1 in animals and human beings in China: a microbiological and molecular biological study[J]. Lancet Infectious Diseases, 16(2): 161-168.

Wang Y, Zhang R M, Li J Y, et al., 2017. Comprehensive resistome analysis reveals the prevalence of NDM and MCR-1 in Chinese poultry production[J]. Nature Microbiology, 2: 16260.

Sapkota A R, Hulet R M, Zhang G, et al., 2011. Lower prevalence of antibiotic resistant enterococci on U.S. conventional poultry farms that transitioned to organic practices[J]. Environmental Health Perspectives, 119: 1622-1628.

Yang Q, Ren S, Niu T, et al., 2014. Distribution of antibiotic-resistant bacteria in chicken manure and manure-fertilized vegetables[J]. Environmental Science and Pollution Research, 21: 1231-1241.

Wang Y, Xu C Y, Zhang R, et al., 2020. Changes in colistin resistance and mcr-1 abundance in Escherichia coli of animal and human origins following the ban of colistin- positive additives in China: an epidemiological comparative study[J]. Lancet Infectious Diseases, 20(10): 1161-1171.

Bolan N, Adriano D, Mahimairaja S, 2004. Distribution and bioavailability of trace elements in livestock and poultry manure by-products[J]. Critical Reviews in Environmental Science and Technology, 34: 291-338.

Ye M, Su J Q, An X L, et al., 2022. Silencing the silent pandemic: eliminating antimicrobial resistance by using bacteriophages[J]. Science China Life Sciences, 65: 1890-1893.

Reardon S, 2014. Phage therapy gets revitalized[J]. Nature, 510: 15-16.

Ye M, Sun M, Huang D, et al., 2019. A review of bacteriophage therapy for pathogenic bacteria inactivation in the soil environment[J]. Environment International, 129: 488-496.

Ye M, Sun M, Zhao Y, et al., 2018. Targeted inactivation of antibioticresistant Escherichia coli and Pseudomonas aeruginosa in a soil-lettuce system by combined polyvalent bacteriophage and biochar treatment[J]. Environmental Pollution, 241: 978-987.

Yosef I, Manor M, Kiro R, et al., 2015. Temperate and lytic bacteriophages programmed to sensitize and kill antibiotic-resistant bacteria[J]. Proceedings of the National Academy of Sciences of the United States of

America, 112: 7267-7272.

Rodrigues M, McBride S W, Hullahalli K, et al., 2019. Conjugative delivery of CRISPR-Cas9 for the selective depletion of antibiotic-resistant enterococci[J]. Antimicrob Agents Chemother, 63: e01454-19.

Hao M, 2020. CRISPR-Cas9-mediated carbapenemase gene and plasmid curing in carbapenem-resistant Enterobacteriaceae[J]. Antimicrobial Agents and Chemotherapy, 64. e00843-20.